Dog's Handmade Ideas

愛犬的幸福教室
四季創意手作50賞

王佩賢 著　周禎和 攝影

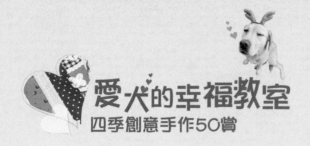

愛犬的幸福教室
四季創意手作50賞

作者序

我覺得，我真的成了一個身心受到枷鎖的癮者。

「我的手好癢喔！」我不停地嚷嚷著。

「癢什麼？」朋友問。

「因為我已經好久沒做東西了!!」我激動的回應。

「多久？」朋友語氣有點冷淡地繼續問。

「拜託，已經兩個禮拜了咧!!」

「才兩個禮拜？」……

沒錯，讓我無可自拔地成癮的，就是「宅手作」這件事。

我沒有辦法忍受，縫紉機孤零零地站在工作桌的一角，只有一盞桌燈陪伴；

我沒有辦法忍受，觸摸不到布料的柔軟，感受不到緞帶繞指的柔情；

我沒有辦法忍受，狗寶貝身上沒有新玩意兒的出現，不論是一朵布花、領巾
還是什麼創意的展現……

咦～對啦！這癮頭的來源，就是「創意」。

手作，有人稱為Hand Made。但是手作還不夠，還要自己做才好玩，就是
D.I.Y.，就是Do It Yourself。浸潤在手作這件事的期間，最讓人享受的是創作
的過程。因為當遇上一塊布或一個小零件的時候，我會開始推想該怎麼運用
手上這個好東西，在腦海中揣摩完成的作品是什麼樣。甚至設想著，這樣完
工後的作品是不是能帶給我跟狗寶貝的生活，有更多的幫助和樂趣。

尤其當手作成了一種癖好，而家裡有隻雙眼閃閃發亮，吐著粉紅色的大舌

頭，期待與你共享樂活的狗寶貝的時候，往往當我看到了某樣東西，便會情不自禁地胡亂想像，這個如果改在斑斑身上，或是放在茶茶身上，會組合出什麼樣的風格。

然後，在製作的過程中，可能會遇上從沒想過的障礙，可能會激發出更多的想法。也許原先的構圖設想是這樣，但在添添補補改改的挑戰之後，完成的卻是完全換了一個風貌的手感作品。思緒的流轉加上雙手的萬能，合力創造出神奇的世界，讓我每每都驚呼著，原來樂子就在眼前，宅在家裡也可以這麼好玩！

於是，我突然發現，手作的D.I.Y.，變成了Desige It Yourself。所以，源源不絕的創意，就是敦促著我在《愛犬的宅生活》之後，再次激盪出《愛犬的幸福教室》的動力。這也是為什麼我在這本書裡，增添了許多更具功能性的作品，就是因為樂在自己設計。

更別說窩在工作桌前專注地做著手作時，即使一個人宅在家，也不寂寞。因為不僅有溫柔的古典樂在流瀉著，偶而還參雜著規律的縫紉機機械聲，最重要的，是不論春夏秋冬，腳邊永遠有團毛茸茸的寶貝依偎著。

四季的變化，材料的豐富，成就兩手間的成就。

創意的點子，完成的作品，是我與狗寶貝共享的幸福。

這樣的生活，全來自於手作那無可匹敵的魅力～～

這，還能不讓人上癮嘛!!

Contents

愛犬的幸福教室
四季創意手作50賞

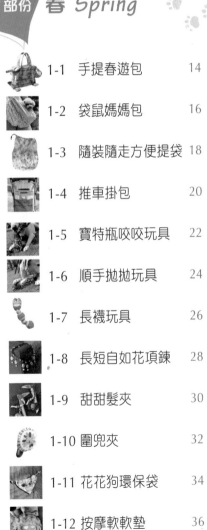

第1部份 春 Spring

第2部份 夏 Summer

我的工作桌

為了樂活玩手作，在我們家，有一個專屬於我的工作桌，讓我可以盡情地揮灑創意。這由兩個會議桌拼出來的大桌子，依照我的習慣，約略可分為四個區域 —

資訊區

主要工具：NB、參考書、筆記本

　　瀏覽不同的創作，欣賞別人的作品，也是刺激創意的一種途徑。在這兒，我上網，翻書，也愛拿著鉛筆圖圖畫畫，畫出腦裡的新構想，也把腦中的靈感轉成紙上的版型。

手縫區

主要工具：手縫針、線、緞帶、彩珠、彈性線、魚線、尖嘴鉗、壓克力膠

　　小小的配件可以給作品帶來畫龍點睛的效果。因此，各類彩珠和緞帶，也就成了我手作世界裡很重要的一環。

縫紉區

主要工具：縫紉機、小剪刀、拆線刀、珠針

在縫紉區中，縫紉機當然就是主角啦！其實，我絕大部分的作品，都是靠這台已經十多年的縫紉機完成的。不是說手縫不好，當然有些部分用手縫會更精緻，只是對沒耐心的我來說，縫紉機可以大大縮短製作過程。尤其製作狗狗的項圈和牽繩時，還可把厚厚的布和織帶壓過固定，真的很方便哩！

PS

其實在桌子右上方還有另一區，就是我們家貓咪的飲食區。所以有喝水器、飼料碗和飼料罐。也因為如此，當我在玩手作的時候，往往會有貓咪經過，或是在吃飽飯後順便過來探探我在幹麼。有時當我把布攤開準備裁剪的時候，就會有貓趕著過來，甚至還大剌剌地躺在布正中央。不過，也就是因為有這些寶貝在，才讓我的宅生活無時無刻充滿了驚喜和樂趣！

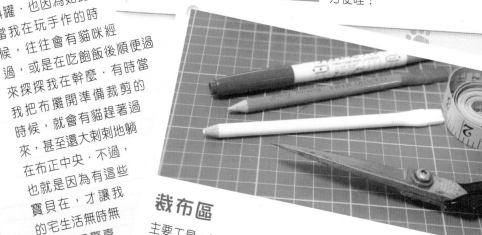

裁布區

主要工具：切割墊、布剪、直尺、水消筆、紙袋、布

桌子的另一角，放上我的切割墊就是我的裁布區。以前在洋裁學校上課時，教室裡總會有大大的桌子讓我們裁布用。後來在家裡做大件物品時，因為沒有大桌面，讓我總得趴在地上畫線裁剪。每當布剪完時，我的腰也挺不直了。現在有了這大大的桌面，我再也不用趴在地上勞累我的腰，布也可以不受障礙地盡量攤開，真是太開心了。

說到裁布，布剪是個相當重要的工具。媽媽的布剪是打從我小學有記憶以來，就一直是我們家縫縫補補的利器，直到今天，媽媽的布剪仍是鋒利如昔。我的布剪則是在二十年前購買的，雖然當時買的價錢貴颼颼，但直到今日這剪刀一次都未磨過且剪起布來仍是相當流暢。因此挑選一把好剪刀，真的很值得呢！

有的作品在製作前，需要先畫版型。畫版型需要硬紙的時候，我都是把購物紙袋拆開來，就是一大片現成的牛皮紙。把紙袋回收再利用，不需另外購買紙張，是既省錢又環保的做法咧！

我的購物地圖

永樂市場是在迪化街旁，鄰近相當知名的霞海城隍廟，一棟有些老舊的建築．而所謂的永樂布市則位於這棟大樓的二、三樓，二樓以販賣布料和相關材料的店家為主，三樓則以代工製作的店家為主．不過因為聚集效應，因此在永樂布市附近的巷弄，也有許多店家可以挖寶．

對我來說，這區域真的是個藏寶地，一逛往往就是好幾個鐘頭，而且口袋也要夠深才能買的過癮．不然等回到家宅手作時，才發現少了什麼配布或小東西，那可是會有大大飲恨的遺憾咧！！

以下，就是我會固定去補貨的店家：

1. 韋億興業有限公司
　　台北市延平北路2段60巷19號1樓
　　2558-7887
　　這家可以買到各類小東西，像是拉鍊、緞帶、D字環、金屬鉤等等。

2. 順隆服裝材料有限公司
　　台北市延平北路2段60巷10號1樓
　　2555-1919
　　這家可以買到拼布用具和五金材料，像是釦子、剪刀、縫紉機壓布腳等等。

3. 大楓城飾品材料行
　　台北市延平北路2段60巷11號
　　2555-3298
　　這家可以買到彩珠、緞帶、織帶、五金材料等等．

4. 鳥居紡布匯
　　台北市民樂街71號1樓
　　2552-1116
　　這家可以買到日本進口布．

5. 介良裡布行
　　台北市民樂街11號
　　2558-0718
　　這家可以買到緞帶、蕾絲、流蘇、羽毛、花片等等．

6. 津元布行
永樂商場2樓第1街2007、2013室
2556-8076
這家可以買到日本古布和素棉布．

7. 傑盛布行
永樂商場2樓第4街2046室
2550-3220
這家可以買到便宜的麂皮和人造皮．

8. 阿原布行
永樂商場2樓第2街2026室
2550-2075
這家可以買到日本進口布和配件．

9. 棋來布行
永樂商場2樓第2街2030室
2550-8900
這家可以買到絨布．

10. 元均實業有限公司
永樂商場2樓第2街2033室
2559-2574
這家可以買到牛仔布、格子布．

11. 佑鎰布行
永樂商場2樓34號
2556-6902
這家可以買到花布、素布、防水布．

12. 勝泰布行
永樂商場2樓2055室
2558-4424
這家可以買到鋪棉布、壓棉布．

13. 佳興布行
永樂商場2樓第5街81、84號
2556-7234
這家可以買到各類花布．

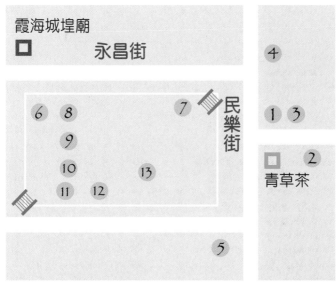

第1部份 春 Spring

Dog's
Handmade Idea

Dog's Handmade
Ideas

1-1............

手提春遊包

拎著動物形狀的包包,感覺總是小朋友的專利。其實,
愛狗狗又童心未泯的我,也一直希望能夠拎著一個狗型
的包包帶著走。於是,這隻狗狗在春天誕生了!

手提春遊包

材料

A. 身體〔27x22cm〕棉布	2塊
B. 身體側邊〔7x75cm〕棉布	1塊
C. 拉鍊側邊〔3x27 cm〕棉布	2塊
D. 頭〔17x25 cm〕棉布	1塊
E. 耳朵〔8x10 cm〕棉布	4塊
F. 腳〔7x9 cm〕棉布	8塊
G. 尾巴〔5x15 cm〕棉布	2塊
H. 提帶〔8x35 cm〕棉布	2塊
拉鍊〔25cm〕	1條
裝飾花	7個
內棉	

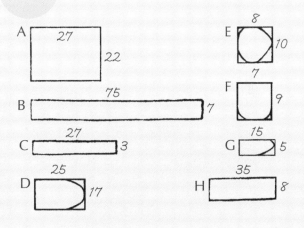

做法

1 製作提帶。將布對折以珠針固定，在兩側以車縫壓線固定，即成提帶。

2 製做四腳、尾巴。反面對齊沿邊縫合，翻出正面，塞入棉花。

3 製作頭。先把耳朵布反面對齊沿邊縫合，翻出正面。

4 將頭部側片和長片正面對齊，夾入耳朵後車縫一圈。沿邊縫合，翻出正面。

5 製作身體。把布正面對拉鍊，沿邊車縫固定。翻到正面，沿拉鍊再壓一條。

6 將拉鍊布和側邊長布兩端接合，一端夾入尾巴。

7 側邊布與身體布接合，夾入提帶、四腳，車縫一圈。

8 最後縫上頭部，粘上裝飾花即可。

帶我出去玩！

Dog's Handmade Ideas

1-2 Chapter 1

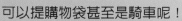

袋鼠媽媽包

不知道從什麼時候開始流行用袋鼠包揹起小狗？
說到這袋鼠包，雖然底部軟軟的，跟過去印象中的寵物包
完全不一樣。但也因為如此，卻可以將狗狗貼近在胸前，
就像袋鼠媽媽把袋鼠寶寶藏在肚子裡一樣。而且斜背的設
計也不需要擔心提帶總會從肩上滑落，空出的兩隻手，還
可以提購物袋甚至是騎車呢！

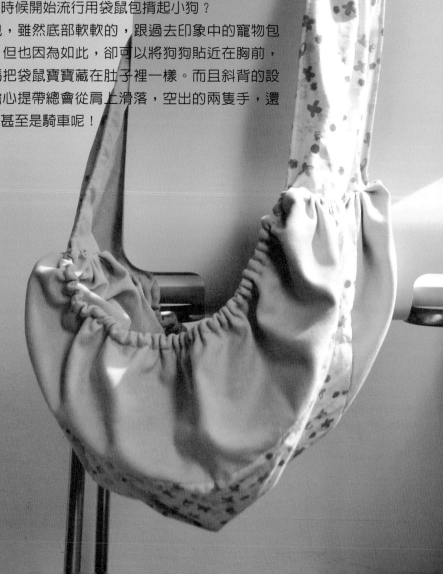

袋鼠媽媽包

材料

A. 表布袋底〔55x60 cm〕棉布		2塊
B. 表布側邊〔55x15 cm〕麂皮布		1塊
C. 裡布袋底〔55x60 cm〕麂皮布		2塊
D. 裡布側邊〔55x15 cm〕麂皮布		1塊
E. 短側提帶表布〔15x30 cm〕棉布		1塊
F. 短側提帶裡布〔15x30 cm〕麂皮布		1塊
G. 長側提帶表布〔15x100 cm〕棉布		1塊
H. 長側提帶裡布〔15x100 cm〕麂皮布		1塊
緞帶〔50cm〕		1條
鬆緊帶〔35 cm〕		2條
鉤扣		1個
金屬圈		2個

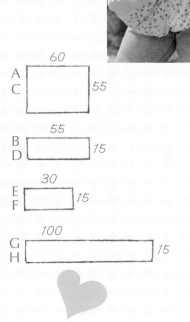

A
C　60　55

B
D　55　15

E
F　30　15

G
H　100　15

做法

1 製作長側提帶。反面對齊沿邊縫合，翻出正面，再沿邊壓線。

2 製作短側提帶。反面對齊沿邊縫合，翻出正面，再沿邊壓線。一端夾入金屬圈，車縫固定。(a)

3 製作袋身。表布袋底與側邊接縫，在兩端疏縫，拉起皺褶。(b)

(a)
(b)

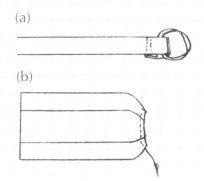

4 裡布袋底與側邊接縫，留一段返口。在兩端疏縫，拉起皺褶。

5 表布與裡布正面相對套入，夾入提袋、緞帶、鬆緊帶，沿袋口車縫一圈。

6 袋身翻出正面，沿袋口邊緣壓線一圈，注意不要縫到鬆緊帶。將返口縫合。

> 🐾 提袋一長一短的好處是可以隨身高作調整喔！

1-3 Chapter 1

隨裝隨走方便提袋

帶狗狗出門，是不是一定得用寵物包？我有許多美麗的包包，難道不能用來裝狗狗嗎
這是我養了茶茶後，常常在思考的問題。

一般的包包和寵物包有所差別的地方，就是寵物包有可以讓狗狗透氣的部分。就算不
心狗狗會跳出包包，也會在意狗狗的爪子會不會把包包的內袋給抓傷了，如果有一個
子可以幫我隨時把包包變成揹狗包，那就太好囉！

Dog's Handmade Ideas

隨裝隨走方便提袋

材料

A. 外袋〔60x45 cm〕棉布	1塊
B. 裡袋〔60x45 cm〕棉布	1塊
C. 網袋〔30x90 cm〕C菱布	1塊
D. 綁帶〔4x25 cm〕棉布	1塊
棉繩〔100cm〕	1條
木珠	1顆

A
B
60
45

C
90
30

D
25
4

做法

1 製作外袋。將布正面對折，在左右兩側沿邊車縫。在底部壓線15公分寬。

2 製作裡袋。將布正面對折，在左右兩側沿邊車縫，並需預留返口。在底部壓線15公分寬。

3 製作綁帶。把布內折1公分，正面對折。沿邊車縫。

4 製作網袋。網布對折，沿邊車縫。(a)

5 把表袋套在裡袋內，綁帶、網袋夾在表布和裡布的中間，沿邊車縫一圈。(b)

6 從返口翻出正面，以藏針縫接合返口。

7 把棉繩穿過網布上方的網洞，繞一圈後穿過木珠，打平結。(c)

(a)

(b) 套入　外袋　網布　裡袋　綁帶

(c)
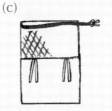

這個袋子平常可以摺疊放在包包內，要裝小狗的時候直接放在包包內，把帶子固定在提把上就可以了。這個袋子也可以放在腳踏車提籃內，這樣狗狗就可以和我們一起騎車兜風囉！

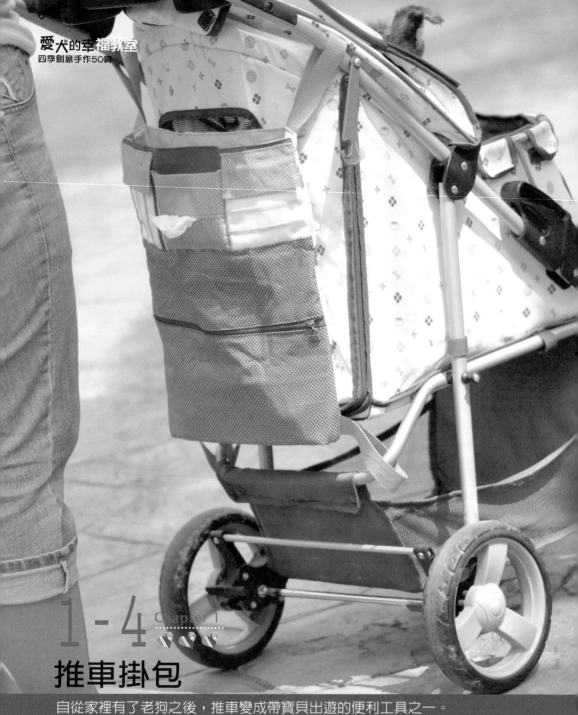

1-4

推車掛包

自從家裡有了老狗之後,推車變成帶寶貝出遊的便利工具之一。

但是出遊時往往還要帶一大堆傢伙,像是水碗、水壺、零食、毛巾、衛生紙、濕紙巾

等等。但推車的製物籃空間有限,如果想要帶更多東西,那推車可就裝不下了。

因此,如果在推車手把上多一個掛包,那就可以讓超懶的我不用自己再揹一個包了。

Dog's Handmade Ideas

推車掛包

❤ 材料

A. 外袋〔33x40 cm〕棉布	2塊
B. 裡袋〔33x40 cm〕防水布	2塊
C. 拉鍊袋〔33x16 cm〕棉布	2塊
D. 面紙袋〔12x14 cm〕棉布	2塊
E. 口袋布〔22x12 cm〕棉布	2塊
F. 口袋蓋〔7x12 cm〕棉布	2塊
拉鍊〔30cm〕	1條
織帶〔15cm〕	8條
魔鬼粘〔5cm〕	4條

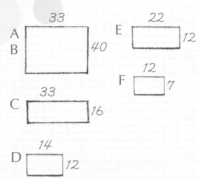

A B 33 40
E 22 12
F 12 7
C 33 16
D 14 12

❤ 做法

1 製作拉鍊袋。布和拉鍊正面相對，沿邊車縫。把拉鍊翻至正面，沿拉鍊上下壓線。(a)

2 製作面紙袋。布正面相對，沿邊車縫，並留面紙抽取口。(b)

3 翻出正面，將缺口對齊，沿邊壓線。

4 製作口袋蓋。把布正面對折，沿邊車縫。翻出正面，固定在表布上。

5 將口袋布對折，放在表布上。放上面紙套、拉鍊袋，以壓線固定口袋、面紙套和拉鍊袋。(c)

6 製作外袋。將布正面對折，兩側各夾入2條織帶，沿邊車縫。(d)

7 製作裡袋。將布正面對折，沿邊車縫，並預留返口。

8 把表袋套在裡袋內，各2條織帶在表布和裡布的中間，沿邊車縫一圈。(e)

9 從返口翻出正面，以藏針縫接合返口。沿上緣壓線一圈。

10 把魔鬼粘車縫固定於4條織帶上。

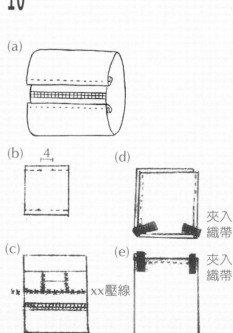

(a)

(b) 4

(c) xx壓線

(d) 夾入織帶

(e) 夾入織帶

> 🐾 軟軟的掛包不用時，可以捲一捲放在推車的置物籃裡，或是把掛包換到汽車椅背上用，也挺不賴的喔！

1-5 Chapter 1

寶特瓶咬咬玩具

我們家的大狗斑很怪，有時不愛花大錢買的進口玩具，反而愛便宜的寶特瓶。每次只要搖搖手裡的寶特瓶，大狗斑的眼睛就會猛地發亮，汪汪地催著我們趕快拋出。

有人說，那是因為狗狗喜歡咬寶特瓶時那個"ㄅㄨㄚ~ㄅㄨㄚ~"的聲響。這讓我想到，既然寶貝這麼愛寶特瓶，那就用寶特瓶來做玩具吧！

寶特瓶咬咬玩具

材料

A. 側條〔3x18 cm〕棉布	10塊
B. 表布〔25x40 cm〕棉布	1塊
寶特瓶	1個
內棉	

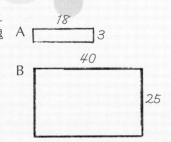

A 18 3

B 40 25

做法

1 製作側條。將布正面對折，沿兩側車縫固定。(a)

2 翻出正面，塞入棉花。

3 表布正面對折，兩端夾入側條。沿邊車縫固定，留下返口。(b)

4 翻出正面，放入寶特瓶。在布和瓶子的中間的空隙塞入棉花。

5 將返口以藏針縫接合。

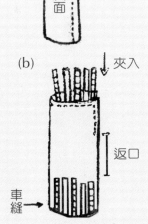

(a) 反面

(b) 夾入 / 車縫→ / 返口

Dog's Handmade Ideas

Dog's Handmade Ideas

1-6 Chapter

順手拋拋玩具

每次丟寶特瓶時，都因為使力不易而丟得不夠遠。但如果把寶特瓶加一個長長
的繩子，那就可以運用繩子把寶特瓶甩出去，遠遠地落在草原的另一端囉！

順手拋拋玩具

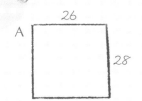

材料

A. 表布〔26x28 cm〕棉布	1塊
織帶〔70cm〕	1條
寶特瓶	1個
內棉	

A
26
28

做法

1 表布正面對折，夾入織帶，沿邊車縫。(a)

2 翻出正面，放入寶特瓶。在布和瓶子中間的空隙塞入 棉花。

3 底部用手縫後抽線，將布全部縮起再打結。

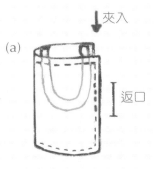

夾入
(a)
返口

Dog's Handmade
Ideas

1-7 Chapter 1

長襪玩具

臭襪子和網球一直是狗狗們很愛咬的東西之一，如果把襪子和網球結合
在一起，那不就成了狗狗的最愛了嗎？

長襪玩具

嘿!嘿!來咬我吧!

材料

膝上長襪	1只
網球	2顆
扣子	2顆
內棉	

做法

1 將一顆網球塞入襪子底端,打個平結。(a)

2 再塞入一顆網球,打個平結。

3 將襪子一端中央剪開5公分,塞入內棉,沿邊以藏針縫縫合。(a)

4 最後縫上扣子。

剪開

1-8

長短自如花項鍊

狗狗的體型很妙，因為大狗小狗的外型尺寸落差很大。偏偏
我們家寶貝的體型從2公斤到24公斤都有，想要給寶貝掛個飾
品往往只好買齊全部的尺寸。因此，乾脆自己動手做個可以
大狗小狗通用的項鍊，這樣就不用煩惱尺寸的問題了。

長短自如花項鍊

材料

金屬鍊〔40cm〕	1條
鉤扣	2個
琉璃珠	7顆
粉珍珠〔5mm〕	11顆
白珍珠〔7mm〕	7顆
菱角水晶珠〔5mm〕	12顆
T字針	
九字針	

做法

1 將珠珠穿過T字針和九字針,把多餘處用圓嘴鉗轉成一個圈。

2 把珠珠接上金屬鍊。

3 在金屬鍊兩端加上鉤扣。

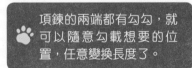
項鍊的兩端都有勾勾,就可以隨意勾載想要的位置,任意變換長度了。

● 珍珠
◆ 菱角水晶珠
◆ 琉璃珠

Dog's Handmade Ideas

1-9 Chapter 1

甜甜髮夾

冬季因為天氣冷，所以寶貝的毛總會留得長長滴。一到了春天，長長的毛看起來就會有點雜亂。但我又不愛給寶貝綁蝴蝶結，因為橡皮筋很容易把毛給扯斷。所以用個甜美系的髮夾，就可以把長毛用美美的裝飾給梳理好。

甜甜髮夾

❦ 材料

緞帶〔8cm〕	6條 (3款各2條)
扣子	2顆
蝴蝶結	2個
塑膠珠	4顆
A字夾	2個

❦ 做法

1 把綁頭髮的蝴蝶結的後方橡皮筋剪掉，粘在緞帶末端。

2 取2顆塑膠珠穿過緞帶，在末端打結。

3 將3條緞帶堆疊，在一端縫合固定。

4 把緞帶和扣子一起縫在A字夾上。

🐾 如果不用A字夾，也可以改用小小迷你的鯊魚夾喔！

1-10

Chapter 1

圍兜夾

吃飯的時候，除了被寶貝專情的大眼睛給盯著難過之外，那如同
漏水水龍頭般，源源不絕地從嘴角溢出的口水，也是頗恐怖的。
所以用個夾子把毛巾掛在大狗的脖子上，就可以方便擦口水囉！

圍兜夾

🎀 材料

A. 表布〔6x6 cm〕棉布	4塊
B. 帶子〔8x40 cm〕棉布	1塊
吊夾	2個
內棉	

```
        6
   ┌─────────┐
 A │  ◯      │ 6
   └─────────┘

            40
 B ┌───────────────┐  8
   └───────────────┘
```

🎀 做法

1 製作帶子。將布長邊往內折1.5公分,沿邊車縫固定。

2 把帶子兩端穿過吊夾,接縫固定。

3 把2片A布背面對齊,沿邊以藏針縫固定,並塞入內棉。最後縫上吊夾前方即可。

Dog's Handmade
Ideas

Dog's Handmade
Ideas

1-11 Chapter 11

花花狗環保袋

因為環保意識的提升，因此促使政府推廣限用塑膠袋的政策，但是買東西時沒
有個袋子真的很不方便，一般廠商送的環保袋又不太可愛，不如自己來做個環
保袋，還可以捲成卡哇伊的狗狗頭，掛在包包邊還可以變成獨特的裝飾喔！

花花狗環保袋

♥ 材料

A. 環保袋〔40x60 cm〕塑膠布	2塊
B. 花袋上段〔5x17 cm〕棉布	1塊
C. 花袋中段〔4x20 cm〕棉布	1塊
D. 花袋下段〔10x10 cm〕棉布	1塊
耳朵〔3.5x4 cm〕不織布	4塊
眼圈〔3x3 cm〕不織布	1塊
鼻子〔3.5x3.5 cm〕不織布	1塊
皮繩〔45 cm〕	2條
玻璃珠	2顆

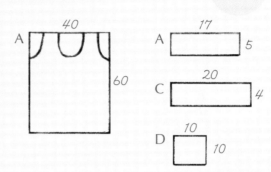

♥ 做法

1 製作環保袋。布片正面相對沿邊車縫。在底布兩端壓縫10公分寬。(a)

2 翻出正面，用剩餘的布裁成5公分寬，將袋口周圍用布條包邊。

3 製作花袋。先把耳朵的不織布兩片疊起，沿邊固定。

4 中段和下段接合要成為一個三角形，將多餘的布裁掉。

5 把上段對折，和中段、下段接合，夾入耳朵。(b)

6 粘上眼圈、鼻子，縫上眼睛，穿上皮繩即可。

(a)
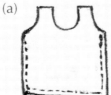

(b)
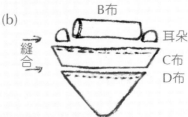

B布
耳朵
縫合
C布
D布

Dog's Handmade Ideas

1-12

Chapter 1

按摩軟軟墊

在因緣際會之下,我跟著日本老師學習而成為一名寵物按摩師。而且也在深入了解寵物按摩後,深深了解按摩不僅可以安撫情緒,更可以舒緩狗狗因緊張、壓力、外傷或老化,而變得緊繃的經脈和肌肉。

要讓狗狗舒緩地享受按摩,還得讓狗狗躺在一個柔軟的按摩墊上放鬆才行。所以加了雙層鋪棉的大尺寸軟軟墊,就算連大狗也可以盡情地舒展四肢。

按摩軟軟墊

 材料

A. 表布〔105x96 cm〕棉布	1塊
B. 底布〔105x96 cm〕壓棉布	1塊
鋪棉〔105x96 cm〕	1塊
織帶〔260 cm〕	1條

 做法

1 將織帶縫在底布上固定。(a)

2 把表布和底布面對面，放上鋪棉，沿邊車縫固定，並留下返口。

3 翻出正面，將返口以藏針縫縫合。

4 沿邊5公分處壓一圈線。

(a)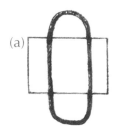

我在軟軟墊下方還增添了可以抓提的織帶，這樣若是有行動不便的狗狗躺在墊子上，也可以直接拖移墊子來換位置。

第**2**部份 夏 *Summer*

Dog's
Handmade Idea

Dog's Handmad Ideas

2-1 Chapter 2

QQ項圈牽繩組

炎熱的溫度，總讓人想大口喝杯冰涼的檸檬水。用甜
檸檬味的花布來製作俏皮的項圈和牽繩，不僅給人明
視覺衝擊力，在夏日裡還可以演繹出最清涼的效果

QQ項圈牽繩組

材料

A. 項圈〔6x40 cm〕棉布	1塊	
B. 手把〔7x70 cm〕棉布	1塊	
C. 牽繩〔6x90 cm〕棉布	1塊	
織帶〔130cm〕	1條	
插扣	1組	
D字環	1個	
勾扣	1個	
圓形手把	1個	

A ──40── 6

B ──70── 7

C ──90── 6

做法

1 測量狗狗的頸圍長度，剪下頸圍所需的織帶長度。

2 先做項圈。布內折正面相對，沿邊壓一條線。(a)

3 在布條中穿過織帶，再一同穿過插扣和D字環，車縫固定。

4 再做手把。把布內折，將手把夾在其中，以藏針縫邊縫邊將手把包入。(b)

5 最後做牽繩。把棉布包住織袋，沿邊壓線。

6 織帶一端固定於手把上，另一端則穿過勾扣，車縫固定。

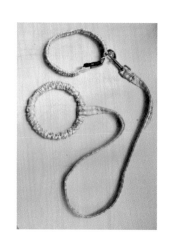

(a) (b)

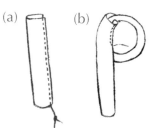

2 - 2   Chapter 2

胸背帶牽繩組

若不喜歡狗狗脖子上有勒束的感覺，許多飼主會選擇使用胸背帶。這些年來，胸背帶的樣式有許多變化，這款好穿好脫的胸背帶就是其中之一。

Dog's Handmade
Ideas

胸背帶牽繩組

材料

A. 胸背〔6x60 cm〕棉布		1塊
B. 胸背〔6x46 cm〕棉布		1塊
C. 胸背〔6x10 cm〕棉布		1塊
D. 牽繩〔6x180 cm〕棉布		1塊
織帶〔280 cm〕		1條
D字環		2個
日字環		1個
勾扣		2個
插扣		1組

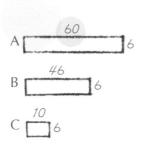

A 60 6

B 46 6

C 10 6

D 180 6

做法

1 棉布A、B、D包住織帶，沿邊壓線。

2 先製作胸背。棉布A兩端穿過插扣固定。棉布B依圖固定在棉布A上。(a)

3 棉布C正面對折，沿邊壓線。穿過D字環，依圖固定在棉布A上。(b)

4 接著製作牽繩。棉布D的一端穿過勾扣，車縫固定。

5 另一端分別穿過日字環和D字環，最後再穿過勾扣，車縫固定。(c)

(a) A布 → B布

(b) C布

(c)
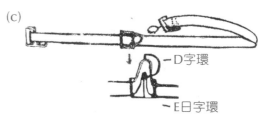
D字環
E日字環

棉布A即是胸圍加上縫分。所以棉布A、B的距離(長度)，可依照每隻狗的體型做調整，製作完成的胸背就會更合身囉！

Dog's Handmade Ideas

2-3

Chapter 2

領巾項圈

這是一個把領巾和項圈結合的小設計，它可以
是單純的項圈，也可以套上領巾做裝飾。
就隨著心情做決定吧！

領巾項圈

材料

A. 項圈〔6x20 cm〕棉布	1塊
B. 領巾〔15x15 cm〕棉布	2塊
織帶〔20cm〕	1條
D字環	1個
插扣	1組

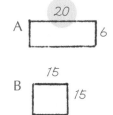

做法

1 先製作項圈。織帶外包棉布,沿邊壓一條線。

2 穿過插扣和D字環,車縫固定。

3 再製作領巾。棉布兩片正面相對,沿邊車縫一圈,並預留返口。(a)

4 從返口翻出正面,沿邊再壓線一圈。依圖將上方往下折4公分,沿邊縫一線固定。(b)

5 把領巾套上項圈即可。

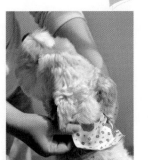

(a)　　　(b)

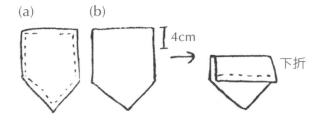

4cm　　下折

Ideas

Dog's Handmade
Ideas

2-4 Chapter 2

牽繩後背包

自己的東西自己揹,就是這個包包的主要功用。而且大大的容量可以放
下塑膠袋、零食、毛巾等等,這下帶狗外出遊玩就能更輕鬆囉!

牽繩後背包

材料

A. 袋身〔35x35 cm〕棉布	2塊
B. 袋口蓋〔15x20 cm〕棉布	2塊
C. 綁帶〔3x60 cm〕棉布	1塊
織帶〔160cm〕	1條
魔鬼粘〔4cm〕	1組
插扣	2組

A 35 / 35

B 20 / 15

C 60 / 3

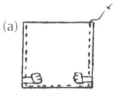

做法

1 先製作綁帶。布往內卷折成長條,沿邊壓線。

2 製作袋口蓋。布正面相對,沿邊車縫。翻出正面,再沿邊壓線一條。

3 製做袋身。布正面相對,夾入穿過插扣的織帶,沿邊車縫固定。(a)

4 袋上緣往內折卷,沿邊1公分處車一圈。在袋身上緣中央剪一條,穿入綁帶。綁帶末端打平結。

5 袋後方依圖擺放上蓋子,夾入織帶,捲起蓋子末端,車縫一圈固定。(b)

6 依圖擷取所需的織帶長度,穿過插扣,車縫固定。(c)

7 最後在袋口和蓋子上縫上魔鬼粘即可。

(a)

(b) 織帶

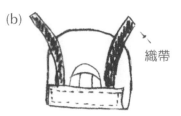

(c)

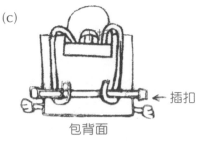

← 插扣

包背面

Dog's Handmade Ideas

2-5 Chapter 2
🐾🐾🐾

牽繩斜背包

有時帶狗出門之後，才突然發現自己少帶了一條牽繩，或甚至根本忘記
帶牽繩。這個時候，如果有什麼東西可以應急就好了。這斜背包包的背
帶就是為了我這樣糊塗的狀況而設計的，只要在袋子上多一圈提把，拆
下後就是個現成的牽繩囉！

牽繩斜背包

材料

A. 外袋〔30x35 cm〕棉布	2塊
B. 外袋側邊〔10x95 cm〕棉布	1塊
C. 裡袋〔30x35 cm〕棉布	2塊
D. 裡袋側邊〔10x95 cm〕棉布	1塊
E. 口袋〔35x40 cm〕棉布	2塊
F. 側條〔8x8 cm〕棉布	2塊
G. 揹帶〔8x110 cm〕棉布	1塊
織帶〔110cm〕	1條
提把	1組
D字環	2個
鉤扣	2個
磁扣	1組

A
C 35 / 30

B
D 95 / 10

E 35 / 40

F 8 / 8

G 110 / 8

做法

1 先製作外口袋。挑選花布上的圖樣,沿邊剪下後以平針縫固定在棉布上。

2 把E布對折,沿邊壓一條線。放置在外袋前片上,在標示的位置車縫固定。(a)

3 另一片口袋布也以同樣的方式製作,固定於外袋後片上。

4 製作側條。將布內折,兩側沿邊車縫壓線。

5 再來製作袋身。把外袋前後片與側邊長布車縫接合,成為外袋。

6 把內袋前後片與側邊長布車縫接合,並留下返口,成為內袋。

7 表袋與裡袋正面相對套入,夾入穿過D字環的側條,沿袋口接縫一圈。

8 從返口翻出正面,縫上提把和磁扣。

9 最後製作揹帶。在布中央包裹織帶,沿兩側車縫固定。

10 在帶子兩端分別穿過鉤扣,一端靠近鉤扣車縫固定,另一端則在15公分處車縫固定,即成為牽繩把手。

(a)

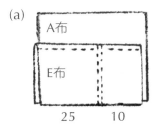

A布

E布

25   10

2-6 Chapter 2

夏威夷露肩裝

露肩裝一直是性感的象徵，讓狗狗穿著平口露肩裝，不僅能在炎熱的夏日帶來一些涼爽的感覺，也能展現甜美和優雅，而且超級可愛的夏日海洋配色，更是展現日系甜美風的首選呢！

夏威夷露肩裝

材料

A. 上衣〔30x50 cm〕棉布	1塊	
B. 胸前布〔15x18 cm〕棉布	1塊	
鬆緊帶〔40 cm〕	2條	
緞帶〔20cm〕	3條	
緞帶〔25cm〕	2條	
珠珠	數顆	

A 30 50

B 15 18

▼ 做法

1 將製作上衣的布正面對折,將側邊縫合。(a)

2 上緣內折1公分,接縫一圈,留3公分間隔。下緣以同樣方式完成。

3 把鬆緊帶從間隔內穿入,穿一圈後打結,把結藏於布內折之內。上下各一條。

4 將胸前布的布邊內折,沿邊壓線。與上衣車縫固定。(b)

5 製作緞帶花。把3條緞帶往中央線內折,交叉堆疊後以針線固定,並隨意縫上珠珠作為中央裝飾。

6 將2條緞帶接縫到衣服上緣,並在一側縫上緞帶花。(c)

(a)

(b)
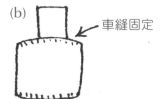
車縫固定

(c)
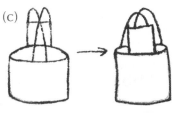
背面　　　　　正面

Dog's Handmade Ideas

2-7 Chapter 2

多層波浪裙

阿囉哈！
陽光普照的天氣，穿上扶桑
花圖案的波浪裙，散發十足
的熱情，讓溫度計沸騰吧！

多層波浪裙

材料

A. 裙頭〔8x120 cm〕棉布	1塊
B. 裙片〔6x50 cm〕棉布	1塊
C. 裙片〔12x50 cm〕棉布	1塊
D. 裙片〔16x50 cm〕棉布	1塊

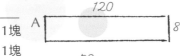

做法

1 將裙片的外緣捲起，車縫收布邊。

2 用針在上緣做疏縫，拉起皺褶後，把線打結以保留皺褶。(a)

3 依照前兩步驟完成另兩片裙襬。

4 把裙頭布正面相對，左右端先縫一條，翻出正面，即成裙頭。(b)

5 將3片裙襬依序鋪疊好，夾入裙頭內，沿邊壓縫一條。(c)

(a)  抽線

(b)

(c)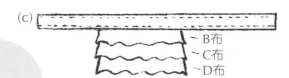

Dog's Handmade Ideas

2-8 Chapter 2

水漾串珠項鍊

多層次立體感設計的項鍊，不同於一般平面項鍊的視覺效果，是飾品搭配上不可或缺的單品。若再選用時尚貴氣的水晶和珍珠來搭配，讓寶貝也能展現出名媛般的高雅氣質，注目度絕對百分百。

水漾串珠項鍊

材料

仿珍珠〔3mm〕	適量
仿珍珠〔10mm〕	2顆
玻璃珠〔2mm〕	適量
水晶菱角珠〔5mm〕	適量
壓克力橢圓鑽〔6mm〕	適量
玻璃管珠〔2mm〕	適量
透明魚線	4條

做法

1 依圖，把珠珠穿入魚線，分別完成4條不同的組合。(a)

2 四條魚線的末端，一同穿過10mm的仿珍珠。(b)

3 將兩尾端打雙平結，剪去多餘的魚線即可。

(a)

(b)

夏天海風墊

炎炎夏季一定要跟狗寶貝做的一件事，就是去踏浪。但是玩樂之後的狗狗腳掌總是夾帶著不少的海砂，踩上車之後也連帶讓座椅沾惹上一層細砂。因此在車後座鋪上一片防污墊，就能大大阻擋狗狗弄髒座椅的機會囉！

夏天海風墊

材料

A. 表布〔120x150 cm〕棉布　1塊
B. 裡布〔120x150 cm〕防水布 1塊
C. 織帶〔150cm〕　　　　　2條
D. 織帶〔130cm〕　　　　　2條
E. 織帶〔60cm〕　　　　　　4條

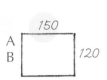

做法

1 把表布和裡布背面相對，沿四周邊緣車縫一圈作固定。

2 左右兩側沿邊接縫上織帶C。(a)

3 在上下兩側離邊緣10公分處，分別接縫上織帶E。(b)

4 在上下邊緣接縫上織帶D，左右往後折5公分作收尾。(c)

(a)

(b)

(c)
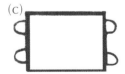

防汙墊下加一層防水布，不僅更能保持座椅的乾爽，如果想要在草地上坐下，也可以直接拿來當做野餐墊使用呢！

Dog's Handmade
Ideas

2-10 Chapter 2

🐾🐾🐾🐾

夏天海風午安枕

抱著狗狗睡覺,總是會有一夜好眠。如果上班時想睡個午覺,也想在懷中抱
著狗狗同入夢。

夏天海風午安枕

 材料

A. 表布〔27x40 cm〕棉布　　2塊
B. 裡布〔15x15 cm〕棉布　　1塊
內棉

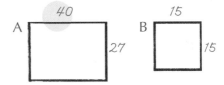

 做法

1 先製作表情。在布上畫出表情，把框內部分剪掉。

2 把裡布放在圖案下方，以密針縫沿框固定上下兩片布。

3 尾巴的圖案，也是以同樣的方式完成。

4 表布正面相對，沿邊縫合，並預留返口

5 從返口翻出正面，塞入棉花，以藏針縫接合返口即可

> 這款靠枕也可以搭配夏天海風墊，成為狗狗在後座的枕頭喔！

此圖放大10倍為原比例

2-11
Chapter 2
剪影藤包

夏季有種令人雀躍的氛圍，這種
時候，帶有休閒渡假感的藤包就
是不可或缺的配件。與夏季幾乎
畫上等號的藤包，加上最愛狗狗
的剪影，等於是向全世界宣告我
對大狗斑的熱情有多濃。

剪影藤包

材料

A. 外袋〔40x70 cm〕編織布　1塊
B. 裡袋〔40x70 cm〕棉布　1塊
C. 提把〔8x40 cm〕棉布　1塊
白色不織布
紅色不織布
咖啡色不織布
黑色不織布
藍色不織布

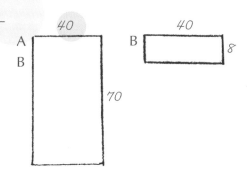

做法

1 先製作提把。在布中央包裹織帶，沿兩側車縫固定。

2 再來製作袋身上的圖案。在不織布上剪下圖形，以平針縫固定在外袋布片上。

3 太細小的部分，可以用保麗龍膠粘著固定。

4 製作袋身。外袋正面對折，沿邊車縫固定。底部兩側壓縫12公分的寬度。

5 裡袋正面對折，沿邊車縫固定，並留下返口。

6 外袋與裡袋正面相對套入，夾入提把，沿袋口接縫一圈。

7 從返口翻出正面，沿袋口車縫壓線一圈。用藏針縫將返口縫合即可。

因為是手縫圖案，所以即使縫歪了也沒關係。這樣才有個人的特色啊!!

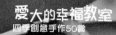

愛犬的幸福教室
四季創意手作50學

Dog's Handmade Ideas

2-12 Chapter 2
▼▼▼

車行安全勾扣繩

開車載著狗狗出遊時，牠總是迫不及待地跳車想散步，跳來跳去地期待目的地趕快抵達。只是犬狗在車上跳躍，可是會影響駕駛的視線和行車安全的。所以替寶貝加一條「安全帶」，不僅可以防止狗狗爆衝到前座，還能在車子緊急剎車時，減輕狗狗往前飛而造成受傷的危險。

車行安全勾扣繩

♥ 材料

A. 織帶〔20cm〕	2條
B. 織帶〔30cm〕	1條
C. 緞帶〔20cm〕	2條
D. 緞帶〔30cm〕	1條
金屬圈〔4.5cm〕	3個
勾扣	1個

♥ 做法

1 在織帶中央放上緞帶，兩側沿邊壓線固定。

2 兩條織帶A的一端分別固定在兩個金屬圈上。

3 織帶B一端固定在勾扣上，另一端與兩條織帶A全部都固定在金屬圈上。

4 將車座椅的頭枕取下，把兩個金屬圈掛上，再將頭枕裝上即可。

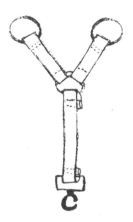

第3部份　秋 Autumn

og's
Handmade Ideas

Dog's Handmade Ideas

3-1 Chapter 3

名牌皮繩項鍊

熱縮片是一種很神奇的塑膠片,因為只要在加熱後就會縮成原尺寸的 1/4～1/6 大小,依照每個品牌會有所差異。很多人會用這樣的熱縮片來做耳環、手機吊飾或鑰匙圈,但我卻愛用這熱縮片來做狗狗名牌。因為要在小小的名牌表面寫上狗狗的名字和電話,簡直是在練眼力和手力。有了熱縮片之後,就可以放心地把字寫的大大地,即使縮小後也很清楚呢!

名牌皮繩項鍊

材料

熱縮片	1塊
油性簽字筆	1支
打洞器	1個
金屬圈	1個
吊飾	1個
皮繩	1條

做法

1 決定名牌的尺寸，估算寫字所需的範圍。

2 用油性簽字筆在熱縮片上畫圖案或寫字，並用打洞器取一個圓洞。

3 裁剪熱縮片至所需的形狀，放在鐵烤盤上放進烤箱內，以130℃開始加熱。

4 熱縮片會慢慢開始捲曲，然後漸漸縮小到最後又打開攤平。等熱縮片完全攤平時就可以取出，放置室溫下很快就會冷卻，並定型成名牌。

5 將金屬圈穿過名牌的圓洞和吊飾，並將皮繩穿過金屬圈。

6 皮繩在兩端打平結，即完成可調整的皮項鍊。(a)

(a)
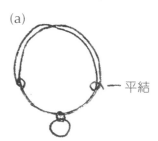
平結

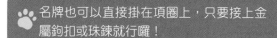
名牌也可以直接掛在項圈上，只要接上金屬鉤扣或珠鍊就行囉！

Dog's Handmade
Ideas

3-2　Chapter 3

居家藥盒

狗狗就像個小孩子，多多少少都會有些玩樂後的傷痕。上了年紀之後，狗狗
或多或少都會需要定時服用藥物，或是定量地服用些保健品來維護健康。這
時若有一個狗狗專用的居家藥盒，可以把所有的必備品準備妥當。

只是一般市售的塑膠藥盒實在沒什麼特色，剛好因為縫縫補補而讓手邊存了
好些碎布。乾脆把這些碎布隨意剪成小片，拼貼成獨一無二的布盒囉！

居家藥盒

材料

A. 碎布片〔5x5 cm〕棉布	120塊
B. 盒蓋表布〔20x30 cm〕牛仔布	1塊
C. 盒內後方裡布〔23x25 cm〕牛仔布	1塊
D. 盒內側邊裡布〔11x13 cm〕牛仔布	2塊
E. 盒內前方裡布〔11x25 cm〕牛仔布	1塊
F. 十字〔9x9 cm〕不織布	1塊
皮繩〔10cm〕	1條
紙鞋盒〔26x13x11 cm〕	1個
樹脂	1罐
扣子	1顆

A 5 / 5
D 13 / 11
B 30 / 20
E 15 / 11
C 23 / 25
F 9 / 9

做法

1 在紙盒上塗上一層樹脂，隨機貼上碎布片。

2 將樹脂加些水稀釋，均勻用刷子塗抹在布片上，讓所有布片都伏貼。

3 在盒蓋上塗上一層樹脂，貼上牛仔布。往內側包約1公分。

4 將盒蓋一側粘在盒身上。盒蓋內塗上樹脂，連同盒內後方貼上牛仔布，並夾入皮繩。

5 盒內側邊和前方，粘上牛仔布。

6 最後把扣子縫上即可。

說到一般居家藥盒內可以準備的物品，大約包含三大類：第一類是急用外用藥品，就是處理外傷用的優碘、棉花、棉花棒、消炎藥膏等等；第二類則是減緩不舒服的常備藥，像是胃腸藥、酵素、關節保健品之類的；第三類則是疾病用藥，就是針對狗狗的慢性疾病而準備的，像是心臟病、皮膚炎、骨刺等這些需要長期服用的藥物。

Dog's Handmade
Ideas 3-3 Chapter 3

安全藥袋

隨身攜帶的安全醫護袋，是為了狗寶貝外出時的應急所
需。如果是擔心狗狗臨時有什麼急性病發作，或是有需
要長期服用的藥物或保健品，在外出時分裝一些帶著，
也就不用擔心有個什麼萬一了。

安全藥袋

材料

A. 袋身〔17x26 cm〕棉布　2塊
B. 內袋邊〔17x4 cm〕棉布　1塊
C. 內袋邊〔17x8 cm〕棉布　1塊
D. 內袋〔17x20 cm〕網布　1塊
E. 內袋〔17x15 cm〕網布　1塊
F. 袋口布〔5x13 cm〕棉布　1塊
魔鬼粘〔15cm〕　1片
磁扣　1組

A — 26 × 17
D — 17 × 20
B — 4 × 17
C — 8 × 17
E — 15 × 17
F — 13 × 5

做法

1 先製作內袋。網布D對折，用棉布C包邊。在棉布包邊內側縫上魔鬼粘。(a)

(a) 包邊　網布　對折

2 網布E對折，用棉布B包邊，並固定於袋身內片上。

3 組合袋身。袋身內片縫上魔鬼粘，粘上已縫好魔鬼粘的網布口袋。

4 袋身內外片正面相對，沿邊縫合，並預留返口。

5 從返口翻出正面，以藏針縫接合返口。

6 製作袋口布。布正面對折，沿邊車縫。翻出正面，一端固定於袋身外片上。

7 縫上磁扣即完成。

3-4
Chapter 3
冰睡枕

哎呀！寶貝，怎麼哭哭了？

這都是因為秋季的天氣變化大，溫度忽冷忽熱的，狗寶貝一不注意就給感冒了。

有時則因為接觸或誤食，而讓狗狗全身紅腫、發熱、發癢。這些時候，若是幫狗狗的肚子貼個冰枕，可以協助降溫，平緩燥熱的現象，讓寶貝舒緩許多。

Dog's Handmade Ideas

冰睡枕

材料

A. 頭〔10x15 cm〕棉布	2塊
B. 身體〔20x45 cm〕棉布	2塊
C. 枕套〔25x40 cm〕絨布	1塊
鋪棉〔20x45 cm〕棉布	2塊
拉鍊〔20cm〕	1條
黑扣	2顆
水滴珠	1顆
內棉	

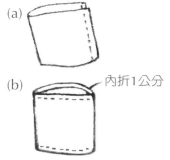

A 〔10 / 15〕 C 〔40 / 25〕 B 〔45 / 20〕

做法

1 製作身體。前後片粘上鋪棉,正面相對,沿邊車縫固定,並預留20公分的返口。

2 從返口翻出正面,在返口縫上拉鍊。

3 製作頭。布正面相對,沿邊車縫固定,並預留返口。

4 從返口翻出正面,塞入棉花後,返口以藏針縫接合。

(a)

(b) 內折1公分

5 在頭部縫上黑扣子為眼睛,縫上水滴珠為眼淚。再把頭部固定在身體前方。

6 製作枕套。絨布正面相對,縫合一邊成筒狀。(a)

7 筒狀布邊兩端往內折1公分,沿邊車縫一圈。套在身體上即可。(b)

3-5 Chapter 3

肚子防汙布

下雨天，為了避免狗狗弄得濕答答地，
我都會讓牠們穿上雨衣。但雨衣只包
覆背部，當狗狗啪噠啪噠地走在雨地上
或草地裡，四隻腳總是把泥水濺的到處
都是，肚子更常常是濺上一片黑黑的泥
污。
所以若是有片布可以把肚子遮住，就可
以更盡興地在雨後享受散步的樂趣了。

Dog's Handmade Ideas

肚子防汙布

🪡 材料

A. 表布〔25x35 cm〕防水布　　1塊
B. 裡布〔25x35 cm〕車棉布　　1塊
c. 綁帶〔4x20 cm〕棉布　　　6塊

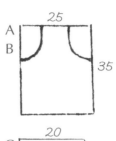

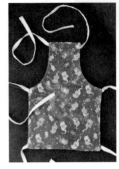

🪡 做法

1 製作綁帶。把布內折1公分，沿邊壓線縫合。

2 表布和裡布正面相對，夾入綁帶，沿邊車縫，並預留返口。(a)

3 從返口翻出正面，沿邊壓線車縫一圈。

(a)

夾入綁帶

3-6 Chapter 3

大狗輔助牽繩

當狗狗的年紀大了，常會聽到因為骨刺的
問題而造成行動障礙。養大狗的我也不禁
擔心起，如果有一天我家大狗也行動不便
時，我該要怎麼協助牠站立和移動。
於是我用肚子防汙布的概念延伸而出，加
上可以施力提取的織帶，就可以協助大狗
起身了。

Dog's Handmade Ideas

大狗輔助牽繩

材料

A. 表布〔50x65 cm〕棉布	1塊	
B. 裡布〔50x65 cm〕車棉布	1塊	
織帶〔265cm〕	1條	

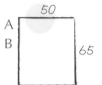

做法

1 表布和裡布正面相對。沿邊車縫一圈，並預留返口。(a)

2 從返口翻出正面，以藏針縫接合返口。

3 把200公分的織帶固定在表布上，成一圈。(b)

4 將剩下的織帶接上。(c)

(a)

(b)

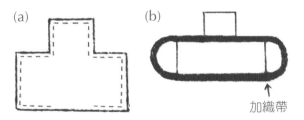

加織帶

(c)

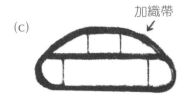

加織帶

3-7 Chapter 3

狗掌隔熱套

戴著大大的狗掌，從烤箱中拿出新出爐的餅乾，
是我做給寶貝的專屬零食。

狗掌隔熱套

材料

A. 表布〔22x26 cm〕絨布	4塊
B. 裡布〔22x26 cm〕車棉布	4塊
布襯	1片
鋪棉	1塊

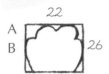

做法

1 將2片表布粘上布襯，做成肉墊的樣式。

2 表布背面加上鋪棉，正面相對沿邊縫合。

3 裡布正面相對，沿邊縫合。

4 把表布套入裡布內，沿邊縫合，並預留返口。

5 從返口翻出，以藏針縫接合返口。

Dog's Handmade Ideas

3-8 Chapter 3.

行軍隨身毯

可以收捲的毯子，在出遊時可以方便的隨地鋪放。

行軍隨身毯

材料

A. 表布〔50x90 cm〕棉布　　　1塊
B. 底布〔50x90 cm〕車棉布　　1塊
C. 伸縮帶〔5x90 cm〕車棉布　　1塊
D. 骨頭〔7x15 cm〕車棉布　　　1塊
鬆緊帶〔40cm〕　　　　　　　1條
內棉

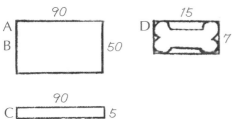

做法

1 製作伸縮帶。把布內折，沿邊車縫。穿入鬆緊帶。

2 骨頭型的布對齊，以藏針縫沿邊縫合。並塞入棉花，把伸縮帶縫入固定。

3 製作毯子。表布和裡布正面相對，夾入伸縮帶。沿邊車縫一圈，並預留返口。

4 從返口翻出正面，沿邊車縫壓線一圈。

3 - 9 Chapter 3

蝴蝶結項圈、
蝴蝶結手提包

我一直這樣認為，狗狗是上
天送給我們最好的禮物。所
以，在寶貝的脖子上綁個蝴
蝶結，就像是個最珍貴的禮
物。而手裡拎著的包包，就
像裝著珍寶的禮物盒，向別
人炫燿我擁有全世界最珍貴
的寶貝。

蝴蝶結項圈

材料

A. 項圈〔10x60 cm〕麂皮布	1塊
B. 蝴蝶結〔10x60 cm〕棉布	1塊
織帶〔60 cm〕	1條
魔鬼粘〔4 cm〕	1條
D字環	1個
口字環	1個

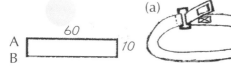

做法

1 先製作項圈。織帶外包麂皮布，沿邊壓一條線。

2 穿過口字環和D字環，車縫固定。

3 縫上魔鬼粘。(a)

4 再製作蝴蝶結。布正面相對，沿邊縫一圈固定，並預留返口。

5 從返口翻出正面，沿邊壓線一圈。布條中央固定在項圈上，打個蝴蝶結即可。

蝴蝶結手提包

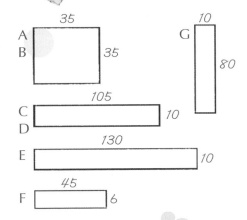

材料

A. 外袋〔35x35 cm〕棉布		2塊
B. 裡袋〔35x35 cm〕麂皮布		2塊
C. 外袋側邊〔10x105 cm〕棉布		1塊
D. 裡袋側邊〔10x105 cm〕麂皮布		1塊
E. 提帶〔10x130 cm〕麂皮布		1塊
F. 裝飾帶〔6x45 cm〕麂皮布		1塊
G. 蝴蝶結〔10x80 cm〕麂皮布		2塊
織帶〔130cm〕		1條

A
B
35
35

G
10
80

C
D
105
10

E
130
10

F
45
6

做法

1 先製作提帶。在布中央放上織帶，包裹後沿兩側車縫。

2 再來製作袋身。把外袋前後片與側邊長布車縫接合，成為外袋。

3 把製作裝飾帶的布片上下折1公分，放置在外袋中央的橫向位置，沿上下邊緣各車縫一圈固定。(a)

4 把提帶直立放置在外袋的中央，沿邊邊車縫一圈固定，但需注意靠近袋口處需留1公分。(b)

5 把內袋前後片與側邊長布車縫接合，並留下返口，成為內袋。

6 表袋與裡袋正面相對套入，沿袋口接縫一圈。

7 從返口翻出正面，以藏針縫接合返口。沿袋口車縫壓線一圈。

8 最後製作蝴蝶結。布正面相對，沿邊縫一圈固定，並預留返口。

9 從返口翻出正面，沿邊壓線一圈。布條中央固定在外袋中央，打個蝴蝶結即可。

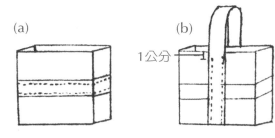

(a)

(b)

1公分

3-10

母子款提袋

兩款包包一個樣,一個裝
你,一個給我,一人一
份,感情永遠不會散!

母子款提袋

 材料

A. 外袋〔30x70 cm〕棉布 1塊
B. 裡袋〔30x70 cm〕棉布 1塊

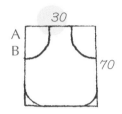

 做法

1 製作外袋。表布正面相對，沿邊縫合。(a)

2 製作裡袋。裡布正面相對，沿邊縫合，並預留返口。

3 把表布套入裡布內，沿邊縫合。(b)

4 從返口翻出，以藏針縫接合返口。

母子款背袋

材料

A. 外袋〔45x60 cm〕棉布　　　2塊
B. 外袋側邊〔20x24 cm〕棉布　1塊
C. 外袋底部〔20x50 cm〕棉布　1塊
D. 裡袋上部〔20x30 cm〕厚帆布 2塊
E. 裡袋下部〔30x45 cm〕厚帆布 1塊
F. 裡袋側邊〔20x24 cm〕厚帆布 1塊
G. 裡袋底部〔20x50 cm〕厚帆布 1塊
H. 袋口布〔15x20 cm〕棉布　　2塊
I. 固定繩〔4x30 cm〕棉布　　　1塊
魔鬼粘〔10 cm〕　　　　　　　1組
鉤扣　　　　　　　　　　　　　1個

A　60　45
C G　50　20
B F　24　20
D　30　20
H　20　15
E　45　30
I　30　4

做法

1 先製作外袋。前後片與側邊接合，再與底片接合固定。

2 製作袋口布。布正面對折，兩側沿邊縫合。(a)

3 翻出正面後，兩側再沿邊壓線。最後縫上魔鬼粘。

(a)　魔鬼粘

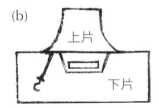

(b)　上片　下片

4 再製作固定繩。布內折成2公分寬，沿邊壓線成長條。一端穿過鉤扣，車縫固定。

5 最後製作裡袋。上下片先接合，夾入袋口布和固定繩。(b)

6 與側邊接合，再與底片接合固定，並預留返口。

7 把外袋正面相對套入裡袋內，沿邊縫合。

8 從返口翻出，以藏針縫接合返口。再沿袋口壓線一圈。

第4部份 冬 Winter

Dog's
Handmade Ideas

4-1 Chapter 4

暖暖圍巾

冷冷的冬天就該有軟軟的圍巾來保暖。
自己親手織一條圍巾給寶貝，用濃濃的愛意給牠溫暖吧！

暖暖圍巾

Dog's Handmade
Ideas

材料

毛線	3卷
鉤花	1片

做法

1 把毛線鉤成長條圍巾，寬度視狗狗的體型而定。

2 將圍巾一端折起，以毛線綁合固定。
(a)

3 縫上鉤花作為裝飾。

(a)

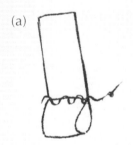

不想花時間織圍巾的話，可以利用舊毛衣。因為穿了好多年的舊毛衣若是直接丟了多可惜，可以來個回收利用，剪剪縫縫就成為狗寶貝的新圍巾囉！

4-2

Chapter 4

親子款拼布圍巾 · 2款

簡單用幾塊棉布，一些蕾絲，拼組成恬逸又不失活潑的
鄉村風格。披掛上這自然材質的圍巾，就讓我們母女倆
一起輕鬆散步去吧！

Dog's Handmade Ideas

親子款拼布圍巾 · 2款

材料

A. 大人用〔15x25 cm〕棉布　6塊
B. 小狗用〔14x20 cm〕棉布　6塊
蕾絲花〔13x13 cm〕　　　　1片
蕾絲花〔8x8 cm〕　　　　　1片
蕾絲〔5x15 cm〕　　　　　2條
蕾絲〔3x10 cm〕　　　　　2條

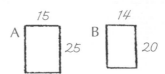

做法

1 將6塊棉布A接合成一長條。

2 把長條正面對折，兩端夾入蕾絲，沿邊車縫固定，並預留返口。(b)

3 從返口翻出正面，以藏針縫結合固定。縫上蕾絲花。

4 以同樣方式完成B布的組合。

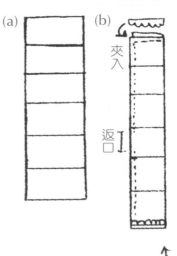

4 3 Chapter 4

麋鹿頭

年底是我最愛的聖誕節,而且在這叮叮噹的日子裡,給大狗玩變裝是一定不可缺的娛樂遊戲。而且麋鹿是帶著聖誕老公公發送禮物的重要角色,這不就跟狗寶貝給我帶來快樂是一樣的嗎!

麋鹿頭

🎄 材料

A. 鹿角〔6x11 cm〕不織布	4塊	
B. 底部〔4x9 cm〕不織布	2塊	
硬紙板〔4x9 cm〕	1片	
鈴鐺	1個	
彈性繩	2條	
內棉		

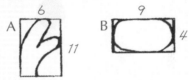

🎄 做法

1 製作鹿角。把布對齊,沿邊縫合。

2 在鹿角頂端縫上鈴鐺,塞入棉花。

3 彈性繩兩端打結。

4 製作底部。把鹿角縫在一片底布上。

5 兩片底布夾入硬紙板和彈性繩,沿邊縫合。

Dog's Handmade Ideas

4-4 Chapter 4

大聖誕爪子襪

小時候都曾聽過這樣的說法,只要一整年做個乖孩子,聖誕老公公就會送來聖誕禮物。所以,在聖誕夜上床前,要把裝禮物的聖誕襪給準備好。我的寶貝總是如此貼近我的心,在這個聖誕夜,我當然也要替牠準備好聖誕襪,期待聖誕禮物豐富滿滿的到來。

材料

A. 襪子〔40x55 cm〕麂皮布　　2塊
B. 襪緣〔30x55 cm〕棉布　　　2塊
C. 吊圈〔10x25 cm〕麂皮布　　1塊
緞帶
聖誕吊飾

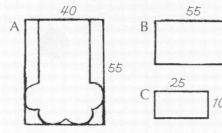

做法

1 襪子兩片布正面相對,沿邊縫合。

2 翻出正面,沿邊再壓線一圈。

3 棉布對折,往襪口內部折1公分,沿袋口壓線一圈固定。

4 製作吊圈。布往內折成長條,兩側壓線。

5 長條對折,末端固定於襪口。

6 用緞帶打蝴蝶結,縫於襪緣上。

7 用剩餘的緞帶縫於襪緣,自然垂降。最後在緞帶上粘上聖誕吊飾。

4-5 small Chapter4

溫溫水龜枕

Dog's Handmade Ideas

當氣溫下降，即使是健康的狗狗都會覺得冷，更何況是生病或是年紀大的狗狗，要渡過寒夜可不容易。水龜是有著古早味的保暖工具，只要裝進滾滾熱水就可以持續發熱一整晚，而且不像暖暖包用完即丟，重複使用的特色還符合環保議題，正適合幫狗狗來禦寒。

把包著軟軟棉花的水龜枕放在寶貝的床窩裡，暖和牠們的身體，睡一個熱呼呼的好眠。

溫溫水龜枕

材料

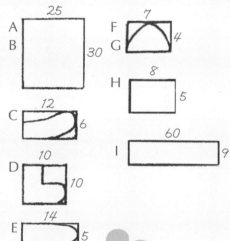

A. 身體外袋〔25x30 cm〕絨布　　2塊
B. 身體內袋〔25x30 cm〕車棉布　2塊
C. 手〔6x12 cm〕絨布　　　　　　4塊
D. 腳〔10x10 cm〕棉布　　　　　　4塊
E. 尾巴〔5x14 cm〕絨布　　　　　 2塊
F. 耳朵〔4x7 cm〕絨布　　　　　　2塊
G. 耳朵〔4x7 cm〕棉布　　　　　　2塊
H. 鼻子〔5x8 cm〕絨布　　　　　　1塊
I. 圍巾〔9x60 cm〕棉布　　　　　　1塊
皮繩〔12cm〕　　　　　　　　　　 1條
扣子　　　　　　　　　　　　　　　3顆

做法

1 依個人喜好，隨意剪出手、腳、尾巴、鼻子、耳朵的形狀。

2 製作手、腳、尾巴、鼻子、耳朵的部分。

3 外袋正面對折，夾入手、腳、尾巴、耳朵和皮繩，沿邊車縫固定。

4 內袋正面對折，沿邊車縫固定，並留下返口。

5 外袋與內袋正面相對套入，沿袋口接縫一圈。

6 從返口翻出正面，用藏針縫將返口縫合。

7 圍巾布往內折1公分後對折，沿邊壓線。

8 外袋前方縫上扣子為眼睛，縫上絨布為鼻子，並將圍巾縫上固定。

9 最後在袋口背面中央縫上扣子。

> 🐾 沒有水龜的話，也可以用橡皮材質的熱水袋來替代喔！

4-6

狗狗暖暖包

市售的暖暖包雖然便宜又簡便，但卻是非常不環保的產物，因為用過即
丟。所以我後來都用中藥和食材來自製暖暖包，不僅同樣保溫，而且加
熱後還帶有天然的香味。把這樣的暖暖包放在口袋裡，或是狗狗的床窩
裡，都有加溫的暖暖效果。

Dog's Handmade Ideas

狗狗暖暖包

材料

A. 頭〔10x18 cm〕絨布	1塊
B. 耳朵〔6x7 cm〕絨布	2塊
C. 耳朵〔6x7 cm〕棉布	2塊
D. 蝴蝶結〔10x20 cm〕棉布	1塊
E. 後片包邊〔4x9 cm〕棉布	1塊
F. 鼻子〔4x4 cm〕不織布	1塊
塑膠珠〔7mm〕	2顆

做法

1 製作耳朵。棉布和絨布正面相對，沿邊縫合。翻出正面。

2 製作頭。把背面上片用布條包邊，與下片一起和前片對齊，夾入耳朵，沿邊車逢一圈固定。(a)

3 翻出正面，把珠子縫上作為眼睛，粘上不織布作為鼻子。

4 製作蝴蝶結。布正面對折，沿邊車縫。翻出正面，加上細布條在中間，做出蝴蝶結形狀手縫固定在頭下方。

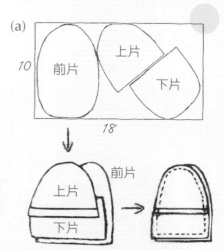

自製暖暖包的做法很簡單，就是把生紅豆裝進中藥棉布包並綁好後，放入微波爐，用中火微波2至3分鐘，讓袋內的溫度達到約攝氏60度，差不多就可以持續1小時。

除了保暖功能外，如果狗狗有肌肉拉傷、韌帶扭傷、退化性關節炎或是其他的關節問題，可以在紅豆內混入些溫筋止痛的中藥材，像是艾草、艾葉、丁香、茴香、乾薑等等。加熱後敷在老狗狗的關節處，可以有幫助活絡筋血的效果。

如果沒有紅豆，也可以用黃豆或黑豆替代，只是香味就會沒那麼濃郁囉！

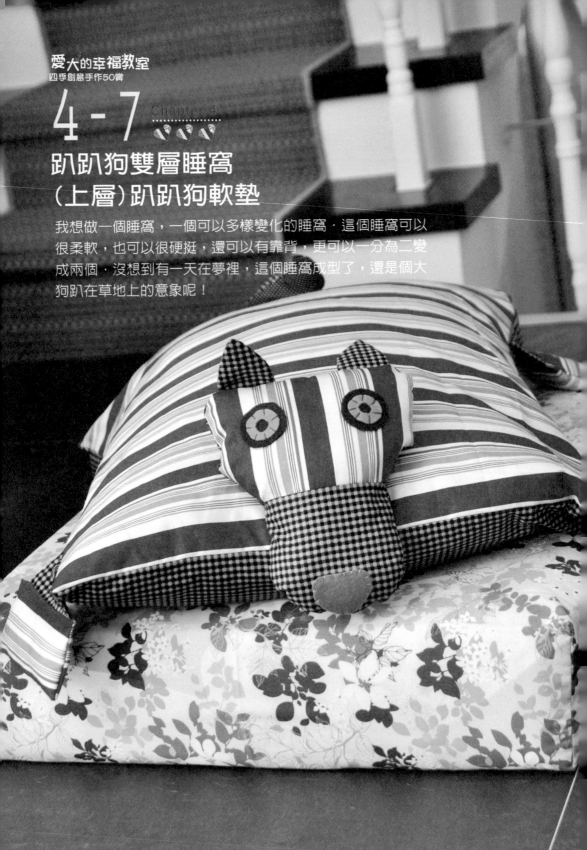

4-7 Chapter 4

趴趴狗雙層睡窩
(上層) 趴趴狗軟墊

我想做一個睡窩,一個可以多樣變化的睡窩。這個睡窩可以
很柔軟,也可以很硬挺,還可以有靠背,更可以一分為二變
成兩個。沒想到有一天在夢裡,這個睡窩成型了,還是個大
狗趴在草地上的意象呢!

趴趴狗雙層睡窩
(上層)趴趴狗軟墊

🐾 材料

A. 頭前片上部〔23x15 cm〕棉布	1塊
B. 頭前片下部〔14x16 cm〕棉布	1塊
C. 頭後片〔23x26 cm〕棉布	1塊
D. 耳朵〔6x7 cm〕棉布	2塊
E. 身體〔60x70 cm〕棉布	2塊
F. 尾巴〔12x18 cm〕棉布	2塊
G. 腳〔8x12 cm〕棉布	8塊
H. 腳掌〔16x26 cm〕棉布	4塊
淺咖啡色不織布	
深咖啡色不織布	
內棉	

A 23 / 15　B 16 / 14　C 23 / 26

D 6 / 7　E 60 / 70　F 12 / 18

G 12 / 8　H 26 / 16

🐾 做法

1 先製作耳朵。前後片正面相對,沿邊縫合後,翻出正面。

2 製作頭部。將頭前片上下部接合,與後片夾入耳朵,沿邊車縫,並預留返口。

3 從返口翻出正面,以藏針縫接合返口。縫上眼睛、鼻子。

4 製作腳。G布正面相對,兩側沿邊接縫。翻出正面。(a)

5 將H布正面相對折,沿邊車縫。翻出正面,夾入G布,沿邊壓線固定。(b)

6 製作身體。布正面相對,夾入四腳,沿邊車縫,並預留返口。

7 從返口翻出正面,塞入棉花,以藏針縫接合返口。

8 製作尾巴。布正面相對,沿邊車縫,並預留返口。

9 從返口翻出正面,塞入棉花,以藏針縫接合返口。

10 把頭和尾巴縫到身體上固定。

(a)

(b)

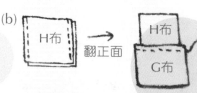

H布 → 翻正面　H布 / G布

趴趴狗雙層睡窩
（下層）草原泡棉墊

材料

A. 外套〔175x62 cm〕棉布		1塊
B. 外套側邊〔17x72 cm〕棉布		2塊
C. 內套〔175x62 cm〕防水布		1塊
D. 內套側邊〔17x72 cm〕防水布		2塊
泡棉〔60x70x15 cm〕		1塊
拉鍊〔60cm〕		1條

```
       175
A ┌──────────┐
C │          │ 62
  └──────────┘

      72
B ┌────────┐ 17
D └────────┘
```

做法

1 製作外布套。把A布兩端以正面和拉鍊縫合，在拉鍊兩側各壓一條線。

2 右兩側分別與側邊布接合，成袋狀包套。從開啟的拉鍊翻出包套正面。

3 製作內布套。依照前兩個步驟的做法，完成防水內套。

4 將內布套裝入泡棉，再套上外布套即可．

泡棉因為體積較大，清洗不方便，所以在製作布套時，刻意再用防水布多製作一層，這樣即使狗狗在睡窩上吃東西，或是不小心尿失禁，都不怕滲透到內裡，被泡棉吸收而留下髒污和臭味囉！

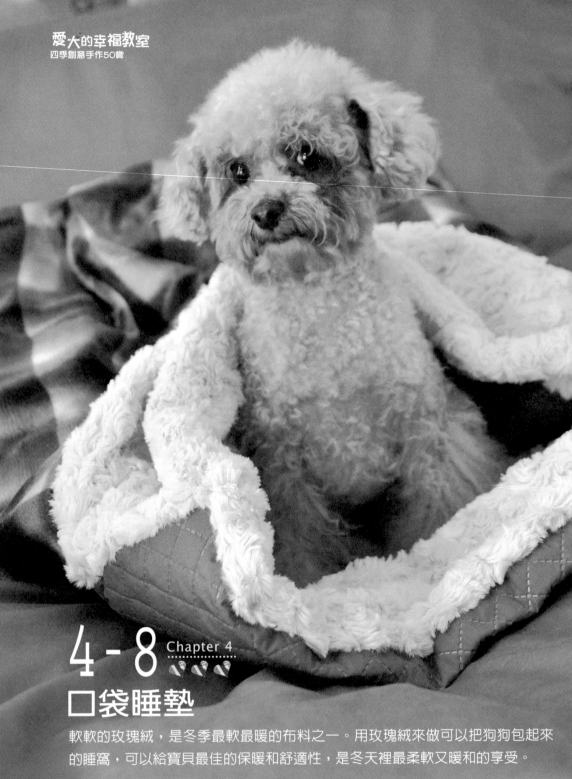

4-8
Chapter 4

口袋睡墊

軟軟的玫瑰絨，是冬季最軟最暖的布料之一。用玫瑰絨來做可以把狗狗包起來的睡窩，可以給寶貝最佳的保暖和舒適性，是冬天裡最柔軟又暖和的享受。

Dog's Handmade Ideas

口袋睡墊

材料

A. 外袋上部〔60x70 cm〕絨布	1塊
B. 外袋底部〔70x80 cm〕車棉布	1塊
C. 內袋上部〔70x100 cm〕玫瑰絨布	1塊
D. 外袋底部〔70x80 cm〕玫瑰絨布	1塊

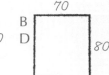

做法

1 將外袋上部和內袋上部依圖打摺，以疏縫固定。(a)

2 外袋正面相對，沿邊車縫固定。

3 內袋正面相對，沿邊車縫固定，並留下返口。

4 外袋與內袋正面相對套入，沿袋口接縫一圈。

5 從返口翻出正面，沿袋口車縫壓線一圈。用藏針縫將返口縫合即可。

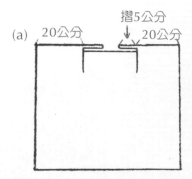

4-9 Chapter 4
❀❀❀❀❀❀

吊帶褲背包

已退流行的吊帶褲是年輕時留下的舊衣物，但牛仔布非常耐髒又耐用，
直接丟掉實在可惜。所以取下吊帶的部分，直接改成浪漫龐克風的揹狗
包，絕對是眾人注目的焦點。

Dog's Handmade Ideas

吊帶褲背包

材料

A. 外袋〔30x55 cm〕棉布	2塊		緞帶〔45cm〕	14條
B. 裡袋〔30x55 cm〕棉布	2塊		珠鍊	5條
C. 外袋底部〔15x55 cm〕車棉布	1塊		別針	2個
D. 裡袋底部〔15x55 cm〕棉布	1塊		布襯	1碼
E. 外袋側邊〔15x30 cm〕車棉布	1塊		吊帶褲	1件
F. 裡袋側邊〔15x30 cm〕棉布	1塊			

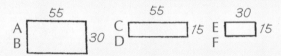

做法

1 將吊帶褲腰頭以下的部分剪掉。(a)

2 製作袋身。把吊帶褲的前後片分別縫上外袋的前後片,並縫上緞帶作裝飾。

3 把外袋前後片與側邊布夾入緞帶,車縫接合。(b)

4 再與底部車縫固定,即成外袋。

5 把裡袋前後片與側邊長布車縫、底部接合,並留下返口,成為裡袋。

6 外袋與裡袋正面相對套入,沿袋口接縫一圈。

7 從返口翻出正面,以藏針縫接合固定。

8 用別針固定珠鍊,隨意裝飾。

(a)

剪開

(b)

前片1

緞帶夾在中間

側邊布

4-10

Chapter 4

牛仔褲窩

隨意脫下的一團髒褲子，卻常常是狗狗趴在上面的所在。不如直接把破掉的褲子頭剪下，填入泡棉，就是有「獨特主人風味」的軟床囉！

牛仔褲窩

🎗️ 材料

牛仔褲	1件
A. 表布〔10x10 cm〕絨布	1塊
B. 底布〔15x15 cm〕絨布	1塊
內棉	

🎗️ 做法

1 把牛仔褲的兩個褲管剪掉,翻成反面。

2 將牛仔褲臀圍處與底布B縫合,成一袋狀。

3 再縫上表布A,留返口。

4 從返口翻出正面,填入棉花,最後將返口以藏針縫接合即可。

Dog's Handmade Ideas

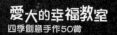

4-11 Chapter 4

牛仔咬咬繩

牛仔布的前身就是帆布，織造和
材質標榜的就是耐磨。所以若是
直接把牛仔褲管改編成三股玩
具，就可以和狗狗玩互動的拉扯
遊戲。即使弄髒了，也可以很方
便地丟到洗衣機裡清洗。

牛仔咬咬繩

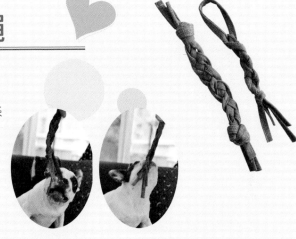

🎀 材料

牛仔褲管	1條

🐝 做法

1 把褲管底部的車縫邊剪掉,再把兩側的車縫處剪掉,變成兩片長布片。

2 把布片剪成6公分寬的布條,將所有布片的長邊往中間線對折再對折,沿邊縫合。

3 取一布條對折,將另一對折的布條放置在10公分處。(a)

4 把4個布條以綁麻花的方式編織,至最尾端以平結固定。

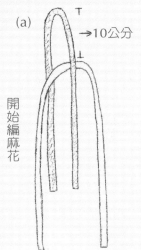

(a) →10公分

開始編麻花

🐾 最簡單的製作法,就是取三個布條在一端打平結後,以綁麻花的方式編織,至最尾端再打一個平結固定。就成了打結骨玩具囉!

🐾 還可以在編布條時,在布條上套入一些其他物件,譬如橡膠甜甜圈玩具,或是乾掉的絲瓜絡,都可以為玩具變化出不同的趣味。

愛犬的幸福教室
四季創意手作50賞

出場毛小孩

感謝以下小朋友的大力配合，辛苦咧！！

斑斑
拉布拉多　母　24公斤

KIMI
黃金獵犬　公　30公斤

MIUMIU
法國鬥牛犬　母　9公斤

茶茶
貴賓　母　2公斤

亮亮

美國可卡 母 8公斤

JIMMY

雪納瑞 公 7公斤

小乖

雪納瑞 公 10公斤

I LOVE MY BABY!!

大都會文化圖書目錄

●度小月系列

路邊攤賺大錢【搶錢篇】	280 元	路邊攤賺大錢 2【奇蹟篇】	280 元
路邊攤賺大錢 3【致富篇】	280 元	路邊攤賺大錢 4【飾品配件篇】	280 元
路邊攤賺大錢 5【清涼美食篇】	280 元	路邊攤賺大錢 6【異國美食篇】	280 元
路邊攤賺大錢 7【元氣早餐篇】	280 元	路邊攤賺大錢 8【養生進補篇】	280 元
路邊攤賺大錢 9【加盟篇】	280 元	路邊攤賺大錢 10【中部搶錢篇】	280 元
路邊攤賺大錢 11【賺翻篇】	280 元	路邊攤賺大錢 12【大排長龍篇】	280 元
路邊攤賺大錢 13【人氣推薦篇】	280 元	路邊攤賺大錢 14【精華篇】	280 元

● DIY 系列

路邊攤美食 DIY	220 元	嚴選台灣小吃 DIY	220 元
路邊攤超人氣小吃 DIY	220 元	路邊攤紅不讓美食 DIY	220 元
路邊攤流行冰品 DIY	220 元	路邊攤排隊美食 DIY	220 元
把健康吃進肚子─ 40 道輕食料理 easy 做	250 元		

●流行瘋系列

跟著偶像 FUN 韓假	260 元	女人百分百─男人心中的最愛	180 元
哈利波特魔法學院	160 元	韓式愛美大作戰	240 元
下一個偶像就是你	180 元	芙蓉美人泡澡術	220 元
Men 力四射─型男教戰手冊	250 元	男體使用手冊－ 35 歲 ⁺♂ 保健之道	250 元
想分手？這樣做就對了！	180 元		

●生活大師系列

遠離過敏─打造健康的居家環境	280 元	這樣泡澡最健康─紓壓 ‧ 排毒 ‧ 瘦身三部曲	220 元
兩岸用語快譯通	220 元	台灣珍奇廟─發財開運祈福路	280 元
魅力野溪溫泉大發見	260 元	寵愛你的肌膚─從手工香皂開始	260 元
舞動燭光─手工蠟燭的綺麗世界	280 元	空間也需要好味道─打造天然香氛的 68 個妙招	260 元
雞尾酒的微醺世界─調出你的私房 Lounge Bar 風情	250 元	野外泡湯趣─魅力野溪溫泉大發見	260 元
肌膚也需要放輕鬆─徜徉天然風的 43 項舒壓體驗	260 元	辦公室也能做瑜珈─上班族的紓壓活力操	220 元

別再說妳不懂車— 　男人不教的 Know How	249 元	一國兩字—兩岸用語快譯通	200 元
宅典	288 元	超省錢浪漫婚禮	250 元
旅行，從廟口開始	280 元		

●寵物當家系列

Smart 養狗寶典	380 元	Smart 養貓寶典	380 元
貓咪玩具魔法 DIY— 　讓牠快樂起舞的 55 種方法	220 元	愛犬造型魔法書—讓你的寶貝漂亮一下	260 元
漂亮寶貝在你家—寵物流行精品 DIY	220 元	我的陽光 · 我的寶貝—寵物真情物語	220 元
我家有隻麝香豬—養豬完全攻略	220 元	SMART 養狗寶典（平裝版）	250 元
生肖星座招財狗	200 元	SMART 養貓寶典（平裝版）	250 元
SMART 養兔寶典	280 元	熱帶魚寶典	350 元
Good Dog—聰明飼主的愛犬訓練手冊	250 元	愛犬特訓班	280 元
City Dog—時尚飼主的愛犬教養書	280 元	愛犬的美味健康煮	250 元
Know Your Dog—愛犬完全教養事典	320 元		

●人物誌系列

現代灰姑娘	199 元	黛安娜傳	360 元
船上的 365 天	360 元	優雅與狂野—威廉王子	260 元
走出城堡的王子	160 元	殞逝的英格蘭玫瑰	260 元
貝克漢與維多利亞—新皇族的真實人生	280 元	幸運的孩子—布希王朝的真實故事	250 元
瑪丹娜—流行天后的真實畫像	280 元	紅塵歲月—三毛的生命戀歌	250 元
風華再現—金庸傳	260 元	俠骨柔情—古龍的今生今世	250 元
她從海上來—張愛玲情愛傳奇	250 元	從間諜到總統—普丁傳奇	250 元
脫下斗篷的哈利—丹尼爾 · 雷德克里夫	220 元	蛻變—章子怡的成長紀實	260 元
強尼戴普— 　可以狂放叛逆，也可以柔情感性	280 元	棋聖 吳清源	280 元
華人十大富豪—他們背後的故事	250 元	世界十大富豪—他們背後的故事	250 元
誰是潘柳黛？	280 元		

●心靈特區系列

每一片刻都是重生	220 元	給大腦洗個澡	220 元
成功方與圓—改變一生的處世智慧	220 元	轉個彎路更寬	199 元
課本上學不到的 33 條人生經驗	149 元	絕對管用的 38 條職場致勝法則	149 元
從窮人進化到富人的 29 條處事智慧	149 元	成長三部曲	299 元

心態—成功的人就是和你不一樣	180 元	當成功遇見你—迎向陽光的信心與勇氣	180 元
改變，做對的事	180 元	智慧沙	199 元（原價 300 元）
課堂上學不到的 100 條人生經驗	199 元（原價 300 元）	不可不防的 13 種人	199 元（原價 300 元）
不可不知的職場叢林法則	199 元（原價 300 元）	打開心裡的門窗	200 元
不可不慎的面子問題	199 元（原價 300 元）	交心—別讓誤會成為拓展人脈的絆腳石	199 元
方圓道	199 元	12 天改變一生	199 元（原價 280 元）
氣度決定寬度	220 元	轉念—扭轉逆境的智慧	220 元
氣度決定寬度 2	220 元	逆轉勝—發現在逆境中成長的智慧	199 元（原價 300 元）
智慧沙 2	199 元	好心態，好自在	220 元
生活是一種態度	220 元	要做事，先做人	220 元
忍的智慧	220 元	交際是一種習慣	220 元
溝通—沒有解不開的結	220 元	愛の練習曲—與最親的人快樂相處	220 元
有一種財富叫智慧	199 元	幸福，從改變態度開始	220 元

● **SUCCESS 系列**

七大狂銷戰略	220 元	打造一整年的好業績—店面經營的 72 堂課	200 元
超級記憶術—改變一生的學習方式	199 元	管理的鋼盔—商戰存活與突圍的 25 個必勝錦囊	200 元
搞什麼行銷—152 個商戰關鍵報告	220 元	精明人聰明人明白人—態度決定你的成敗	200 元
人脈＝錢脈—改變一生的人際關係經營術	180 元	週一清晨的領導課	160 元
搶救貧窮大作戰？48 條絕對法則	220 元	搜驚・搜精・搜金—從 Google 的致富傳奇中，你學到了什麼？	199 元
絕對中國製造的 58 個管理智慧	200 元	客人在哪裡？—決定你業績倍增的關鍵細節	200 元
殺出紅海—漂亮勝出的 104 個商戰奇謀	220 元	商戰奇謀 36 計—現代企業生存寶典 I	180 元
商戰奇謀 36 計—現代企業生存寶典 II	180 元	商戰奇謀 36 計—現代企業生存寶典 III	180 元
幸福家庭的理財計畫	250 元	巨賈定律—商戰奇謀 36 計	498 元
有錢真好！輕鬆理財的 10 種態度	200 元	創意決定優勢	180 元
我在華爾街的日子	220 元	贏在關係—勇闖職場的人際關係經營術	180 元
買單！一次就搞定的談判技巧	199 元（原價 300 元）	你在說什麼？—39 歲前一定要學會的 66 種溝通技巧	220 元
與失敗有約—13 張讓你遠離成功的入場券	220 元	職場 AQ—激化你的工作 DNA	220 元

智取—商場上一定要知道的 55 件事	220 元	鏢局—現代企業的江湖式生存	220 元
到中國開店正夯《餐飲休閒篇》	250 元	勝出！—抓住富人的 58 個黃金錦囊	220 元
搶賺人民幣的金雞母	250 元	創造價值—讓自己升值的 13 個秘訣	220 元
李嘉誠談做人做事做生意	220 元	超級記憶術（紀念版）	199 元
執行力—現代企業的江湖式生存	220 元	打造一整年的好業績—店面經營的 72 堂課	220 元
週一清晨的領導課（二版）	199 元	把生意做大	220 元
李嘉誠再談做人做事做生意	220 元	好感力—辦公室 C 咖出頭天的生存術	220 元
業務力—銷售天王 VS. 三天陣亡	220 元	人脈＝錢脈—改變一生的人際關係經營術（平裝紀念版）	199 元
活出競爭力—讓未來再發光的 4 堂課	220 元	選對人，做對事	220 元
先做人，後做事	220 元		

●都會健康館系列

秋養生—二十四節氣養生經	220 元	春養生—二十四節氣養生經	220 元
夏養生—二十四節氣養生經	220 元	冬養生—二十四節氣養生經	220 元
春夏秋冬養生套書	699 元（原價 880 元）	寒天—0 卡路里的健康瘦身新主張	200 元
地中海纖體美人湯飲	220 元	居家急救百科	399 元（原價 550 元）
病由心生—365 天的健康生活方式	220 元	輕盈食尚—健康腸道的排毒食方	220 元
樂活，慢活，愛生活—健康原味生活 501 種方式	250 元	24 節氣養生食方	250 元
24 節氣養生藥方	250 元	元氣生活—日の舒暢活力	180 元
元氣生活—夜の平靜作息	180 元	自療—馬悅凌教你管好自己的健康	250 元
居家急救百科（平裝）	299 元	秋養生—二十四節氣養生經	220 元
冬養生—二十四節氣養生經	220 元	春養生—二十四節氣養生經	220 元
夏養生—二十四節氣養生經	220 元	遠離過敏—打造健康的居家環境	280 元
溫度決定生老病死	250 元	馬悅凌細說問診單	250 元
你的身體會說話	250 元		

● CHOICE 系列

入侵鹿耳門	280 元	蒲公英與我—聽我說說畫	220 元
入侵鹿耳門（新版）	199 元	舊時月色（上輯＋下輯）	各 180 元
清塘荷韻	280 元	飲食男女	200 元
梅朝榮品諸葛亮	280 元	老子的部落格	250 元
孔子的部落格	250 元	翡冷翠山居閒話	250 元
大智若愚	250 元	野草	250 元
清塘荷韻（二版）	280 元	舊時月色（二版）	280 元

● FORTH 系列

印度流浪記—滌盡塵俗的心之旅	220 元	胡同面孔— 古都北京的人文旅行地圖	280 元
尋訪失落的香格里拉	240 元	今天不飛—空姐的私旅圖	220 元
紐西蘭奇異國	200 元	從古都到香格里拉	399 元
馬力歐帶你瘋台灣	250 元	瑪杜莎艷遇鮮境	180 元
絕色絲路 千年風華	250 元		

● 大旗藏史館

大清皇權遊戲	250 元	大清后妃傳奇	250 元
大清官宦沉浮	250 元	大清才子命運	250 元
開國大帝	220 元	圖說歷史故事—先秦	250 元
圖說歷史故事—秦漢魏晉南北朝	250 元	圖說歷史故事—隋唐五代兩宋	250 元
圖說歷史故事—元明清	250 元	中華歷代戰神	220 元
圖說歷史故事全集	880 元（原價 1000 元）	人類簡史—我們這三百萬年	280 元
世界十大傳奇帝王	280 元	中國十大傳奇帝王	280 元
歷史不忍細讀	250 元	歷史不忍細讀 II	250 元

● 大都會運動館

野外求生寶典—活命的必要裝備與技能	260 元	攀岩寶典—安全攀登的入門技巧與實用裝備	260 元
風浪板寶典—駕馭的駕馭的入門指南與技術提升	260 元	登山車寶典—鐵馬騎士的駕馭技術與實用裝備	260 元
馬術寶典—騎乘要訣與馬匹照護	350 元		

● 大都會休閒館

賭城大贏家—逢賭必勝祕訣大揭露	240 元	旅遊達人—行遍天下的 109 個 Do & Don't	250 元
萬國旗之旅—輕鬆成為世界通	240 元	智慧博弈—賭城大贏家	280 元

● 大都會手作館

樂活，從手作香皂開始	220 元	Home Spa & Bath —玩美女人肌膚的水嫩體驗	250 元
愛犬的宅生活—50 種私房手作雜貨	250 元	Candles 的異想世界—不思議的手作蠟燭魔法書	280 元

●世界風華館

環球國家地理・歐洲（黃金典藏版）	250 元	環球國家地理・亞洲・大洋洲（黃金典藏版）	250 元
環球國家地理・非洲・美洲・兩極（黃金典藏版）	250 元	中國國家地理・華北・華東（黃金典藏版）	250 元
中國國家地理・中南・西南（黃金典藏版）	250 元	中國國家地理・東北・西東・港澳（黃金典藏版）	250 元
中國最美的 96 個度假天堂	250 元	非去不可的 100 個旅遊勝地・世界篇	250 元
非去不可的 100 個旅遊勝地・中國篇	250 元	環球國家地理【全集】	660 元
中國國家地理【全集】	660 元		

● BEST 系列

人脈＝錢脈—改變一生的人際關係經營術（典藏精裝版）	199 元	超級記憶術—改變一生的學習方式	220 元

● STORY 系列

失聯的飛行員—一封來自 30,000 英呎高空的信	220 元	Oh, My God! —阿波羅的倫敦愛情故事	280 元
國家寶藏 1—天國謎墓	199 元	國家寶藏 2—天國謎墓 II	199 元
國家寶藏 3—南海鬼谷	199 元	國家寶藏 4—南海鬼谷 II	199 元
國家寶藏 5—樓蘭奇宮	199 元	國家寶藏 6—樓蘭奇宮 II	199 元
國家寶藏 7—關中神陵	199 元	國家寶藏 8—關中神陵 II	199 元
國球的眼淚	250 元		

● FOCUS 系列

中國誠信報告	250 元	中國誠信的背後	250 元
誠信—中國誠信報告	250 元	龍行天下—中國製造未來十年新格局	250 元
金融海嘯中，那些人與事	280 元	世紀大審—從權力之巔到階下之囚	250 元

●禮物書系列

印象花園 梵谷	160 元	印象花園 莫內	160 元
印象花園 高更	160 元	印象花園 竇加	160 元
印象花園 雷諾瓦	160 元	印象花園 大衛	160 元
印象花園 畢卡索	160 元	印象花園 達文西	160 元

印象花園 米開朗基羅	160 元	印象花園 拉斐爾	160 元
印象花園 林布蘭特	160 元	印象花園 米勒	160 元
絮語說相思 情有獨鍾	200 元		

●精緻生活系列

女人窺心事	120 元	另類費洛蒙	180 元
花落	180 元		

● CITY MALL 系列

別懷疑！我就是馬克大夫	200 元	愛情詭話	170 元
唉呀！真尷尬	200 元	就是要賴在演藝圈	180 元

●親子教養系列

孩童完全自救寶盒（五書＋五卡＋四卷錄影帶） 3,490 元（特價 2,490 元）		孩童完全自救手冊― 這時候你該怎麼辦（合訂本）	299 元
我家小孩愛看書― Happy 學習 easy go ！	200 元	天才少年的 5 種能力	280 元
哇塞！你身上有蟲！―學校忘了買、老師 不敢教，史上最髒的科學書	250 元	天才少年的 5 種能力（二版）	280 元

◎關於買書：
1. 大都會文化的圖書在全國各書店及誠品、金石堂、何嘉仁、敦煌、紀伊國屋、諾貝爾等連鎖書店
   均有販售，如欲購買本公司出版品，建議你直接洽詢書店服務人員以節省您寶貴時間，如果書店
   已售完，請撥本公司各區經銷商服務專線洽詢。
   北部地區：(02)85124067　桃竹苗地區：(03)2128000
   中彰投地區：(04)27081282 或 22465179　雲嘉地區：(05)2354380
   臺南地區：(06)2642655　高屏地區：(07)2367015
2. 到以下各網路書店購買：
   大都會文化網站（http://www.metrobook.com.tw）
   博客來網路書店（http://www.books.com.tw）
   金石堂網路書店（http://www.kingstone.com.tw）
3. 到郵局劃撥：
   戶名：大都會文化事業有限公司　帳號：14050529
4. 親赴大都會文化買書可享 8 折優惠。

愛犬的幸福教室—
四季創意手作50賞

作　　者：王佩賢
攝　　影：周禎和

發 行 人：林敬彬
主　　編：楊安瑜
編　　輯：蔡穎如、李彥蓉
內頁編排：蔡雅貞
封面設計：蔡雅貞

出　　版：大都會文化　行政院新聞局北市業字第89號
發　　行：大都會文化事業有限公司
　　　　　110台北市信義區基隆路一段432號4樓之9
　　　　　讀者服務專線：（02）27235216
　　　　　讀者服務傳真：（02）27235220
　　　　　電子郵件信箱：metro@ms21.hinet.net
　　　　　網　　　　址：www.metrobook.com.tw

郵政劃撥：14050529　大都會文化事業有限公司
出版日期：2010年6月初版一刷
定　　價：280元
Ｉ Ｓ Ｂ Ｎ：978-986-6846-91-5
書　　號：Handmade-05

國家圖書館出版品預行編目資料

愛犬的幸福教室：四季創意手作50賞 / 王佩賢
著. -- 初版. -- 臺北市：大都會文化,
2010.06
面；　公分. -- (大都會手作館；5)
ISBN 978-986-6846-91-5(平裝)
1. 犬
437.35　　　　　　　　　　　99006849

First published in Taiwan in 2010 by Metropolitan Culture Enterprise Co., Ltd.
4F-9, Double Hero Bldg., 432, Keelung Rd., Sec. 1, Taipei 110, Taiwan
Tel:+886-2-2723-5216　Fax:+886-2-2723-5220
E-mail:metro@ms21.hinet.net
Web-site:www.metrobook.com.tw

Dog's Handmade Ideas

愛犬的幸福教室
四季創意手作50賞

北區郵政管理局
登記證北台字第9125號
免　貼　郵　票

大都會文化事業有限公司
讀者服務部收
110台北市基隆路一段432號4樓之9

寄回這張服務卡(免貼郵票)
您可以：
◎不定期收到最新出版訊息
◎參加各項回饋優惠活動

大都會文化 讀者服務卡

書名：愛犬的幸福教室—四季創意手作50賞

謝謝您選擇了這本書！期待您的支持與建議，讓我們能有更多聯繫與互動的機會。
日後您將可不定期收到本公司的新書資訊及特惠活動訊息。

A. 您在何時購得本書：＿＿＿年＿＿＿月＿＿＿日

B. 您在何處購得本書：＿＿＿＿＿＿＿書店，位於＿＿＿＿＿＿＿(市、縣)

C. 您從哪裡得知本書的消息：1.□書店 2.□報章雜誌 3.□電台活動 4.□網路資訊
　　5.□書籤宣傳品等 6.□親友介紹 7.□書評 8.□其他＿＿＿＿＿＿＿＿＿＿＿＿

D. 您購買本書的動機：（可複選）1.□對主題或內容感興趣 2.□工作需要 3.□生活需要
　　4.□自我進修 5.□內容為流行熱門話題 6.□其他＿＿＿＿＿＿＿＿＿＿＿＿

E. 您最喜歡本書的（可複選）：1.□內容題材 2.□字體大小 3.□翻譯文筆 4.□封面
　　5.□編排方式 6.□其他

F. 您認為本書的封面：1.□非常出色 2.□普通 3.□毫不起眼 4.□其他＿＿＿＿＿＿＿

G. 您認為本書的編排：1.□非常出色 2.□普通 3.□毫不起眼 4.□其他＿＿＿＿＿＿＿

H. 您通常以哪些方式購書：(可複選)1.□逛書店 2.□書展 3.□劃撥郵購 4.□團體訂購
　　5.□網路購書 6.□其他＿＿＿＿＿＿＿＿

I. 您希望我們出版哪類書籍：（可複選）
　　1.□旅遊 2.□流行文化 3.□生活休閒 4.□美容保養 5.□散文小品
　　6.□科學新知 7.□藝術音樂 8.□致富理財 9.□工商企管 10.□科幻推理
　　11.□史哲類 12.□勵志傳記 13.□電影小說 14.□語言學習（　語）
　　15.□幽默諧趣 16.□其他＿＿＿＿＿＿＿＿＿＿＿＿＿＿＿＿＿＿＿＿

J. 您對本書(系)的建議：＿＿＿＿＿＿＿＿＿＿＿＿＿＿＿＿＿＿＿＿＿＿＿＿
＿＿＿＿＿＿＿＿＿＿＿＿＿＿＿＿＿＿＿＿＿＿＿＿＿＿＿＿＿＿＿＿＿＿＿

K. 您對本出版社的建議：＿＿＿＿＿＿＿＿＿＿＿＿＿＿＿＿＿＿＿＿＿＿＿＿
＿＿＿＿＿＿＿＿＿＿＿＿＿＿＿＿＿＿＿＿＿＿＿＿＿＿＿＿＿＿＿＿＿＿＿

讀者小檔案

姓名：＿＿＿＿＿＿＿＿＿＿　性別：□男 □女　生日：＿＿＿年＿＿＿月＿＿＿日

年齡：□20歲以下□21～30歲□31～40歲□41～50歲□51歲以上

職業：1.□學生 2.□軍公教 3.□大眾傳播 4.□服務業 5.□金融業 6.□製造業
　　　7.□資訊業 8.□自由業 9.□家管 10.□退休 11.□其他＿＿＿＿＿＿＿＿＿

學歷：□ 國小或以下 □ 國中 □ 高中／高職 □ 大學／大專 □ 研究所以上

通訊地址＿＿＿＿＿＿＿＿＿＿＿＿＿＿＿＿＿＿＿＿＿＿＿＿＿＿＿＿＿＿

電話：（H）＿＿＿＿＿＿＿＿（O）＿＿＿＿＿＿＿＿　傳真：＿＿＿＿＿＿＿＿

行動電話：＿＿＿＿＿＿＿＿＿　E-Mail：＿＿＿＿＿＿＿＿＿＿＿＿＿＿＿＿＿

❖謝謝您購買本書，也歡迎您加入我們的會員，請上大都會網站www.metrobook.com.tw
　登錄您的資料。您將不定期收到最新圖書優惠資訊和電子報。